U0166650

中国科普大奖图书典藏书系

到宇宙去旅行

李元 著

中国盲文出版社

湖北科学技术出版社

图书在版编目（CIP）数据

到宇宙去旅行：大字版 / 李元著. —北京：中国盲文出版社，
2020.5

（中国科普大奖图书典藏书系）

ISBN 978-7-5002-9618-8

Ⅰ.①到… Ⅱ.①李… Ⅲ.①宇宙—普及读物 Ⅳ.①P159-49

中国版本图书馆 CIP 数据核字（2020）第 043858 号

到宇宙去旅行

著　　者：李　元
责任编辑：包国红
出版发行：中国盲文出版社
社　　址：北京市西城区太平街甲 6 号
邮政编码：100050
印　　刷：东港股份有限公司
经　　销：新华书店
开　　本：787×1092　1/16
字　　数：175 千字
印　　张：18.5
版　　次：2020 年 5 月第 1 版　2020 年 5 月第 1 次印刷
书　　号：ISBN 978-7-5002-9618-8/P·81
定　　价：50.00 元
编辑热线：（010）83190265
销售服务热线：（010）83190520

目 录
CONTENTS

外星人,你在哪里   165

天文台的日日夜夜   181

通向宇宙的窗口   206

我的科普生涯（代自传）

├ 从第 6741 号小行星谈起

1998 年 5 月 7 日，《人民日报》刊登了我获永久编号第 6741 号小行星被命名为"李元星"的国际荣誉的消息，标题是《我科普作家名挂太空》，对我的简介是："李元是我国天文馆事业的开拓者，并在任中国科普研究所外国科普室主任期间引进和推荐几十种世界著名科普与美术作品。"此后一段时期内，电视、广播、报刊等媒体纷纷发表我和卞德培获得小行星命名的新闻、特写、专访等，中国科协、北京科技研究院、北京天文馆等还组织了庆贺座谈会。我也成了新闻人物，询问我经历的记者不乏其人。因此，我愿冒昧为自己做一幅剪影，所以有此文。

├ 科普之路各有不同

我是中国科普作家协会最早的会员之一，也曾获"建国以来有突出贡献的科普作家"的称号，但是我自认并非一名合格的著名科普作家。诚然，自1945年以来我也写过不少科普作品，但多为平庸之作，更没有什么大部头的佳作。我自认是一名有半个多世纪科普经历的科普工作者和科普活动家，最多是一名科普专家而已。

科普之路各有不同，搞科普有不同的形式和方法。科普写作无疑是主要的一个方面，但绝不是唯一的内容。无论是用哪种形式和途径，只要对科学普及有所作为、有所贡献，就是尽了科普工作者的职责。在我们的科普工作中，科普写作虽然是重要的一方面，但我在天文馆事业的开拓，外国科普事业的调研，太空美术的引进和普及，以及科普演讲、展览，科普幻灯片、电影、电视片制作等方面也投入了很多精力。

星空在召唤

我的父亲李尚仁一辈子以办教育为生，在他的书橱里放着世界科普名著《汉译科学大纲》精装四卷集（商务印书馆出版），我在小学时代就经常翻阅，尤其是那些精美的插图引起了我极大的兴趣。他还把在日本留学时带回来的一幅《星座早见》（活动星图）挂在客厅里，这副图也引起了我的好奇。在我10岁时，父亲用一架蔡司望远镜让我看月亮，那天体的美使我感到十分惊讶。抗日战争时期，我们住在四川乡村，每逢晴夜，父亲常常教我认识一些明亮的星座，以及金星、木星等行星。这些都是我后来能够热爱天文并走上科普道路所受的启蒙教育。

1941年9月21日有一次日全食，全食带从西北到东南横跨我国，当时我在重庆附近的学校读书，日食的奇景给我留下很深的印象。随后，我在图书馆里借到一部天文科普巨著《宇宙壮观》（陈遵妫由日文编译）。我夜以继日地翻阅它，简直被那些引人入胜的天文知识迷住了。书里有一张星图，我就按图认星，在几个月中认识了大部分的星座，并且自己绘制袖珍星图册，不但自己看星，教别人看星，同时还讲些天文知识，这成为我早期的科普活动，使我逐渐形成了一种"科普性格"。此后我翻阅了更多的天文图书，看到了不少的天体照片，特别是一些彩色的天文画，真使我着迷。有一次我在重庆参观了一个世界名画图片展览，其中有一些与星座有关的希腊神话的美术名作，进一步提高了我的审美能力。1944年，我在重庆街头偶然购得一册美国的《生活》画报（1944年5月29日的一期），其中有世界太空美术大师邦艾斯泰的"土星组画"，我深深地被这些太空美术作品触动了。我认为这是科学和美术的结晶，是最好的科普方式，于是下定决心，一生要从事天文学的普及工作。这也启发了我，要从美学和科学两种角度去看宇宙、讲宇宙、写宇宙。因此，我后来的科普工作是用科学和艺术的手法来进行的，我尽可能采用图文并重的方式。

├─　紫金山天文台是我的大学

　　我在 1942 年（17 岁）就先后向中国天文界的前辈高鲁、陈遵妫、张钰哲、李珩（晓舫）、戴文赛等著名天文学家通信请教，这使我受益终身。1943 年，我成为中国天文学会的永久会员。1944 年，我到成都拜见了我的恩师李珩教授，他送我许多图书，给我很多教诲。后来我在重庆又拜见了陈遵妫和戴文赛，他们也给我很多勉励。高中毕业后我没有考取大学，在一所中学里教书，当时我精心绘制了全天星图 6 大张，后来寄给陈遵妫代理所长，可能他见我如此热爱星空，因此在 1947 年 2 月介绍我到天文研究所（紫金山天文台）担任图书管理员，兼做一些编辑绘图工作。这座我国最著名的现代天文台是我久已向往的天文圣地，因此到台之后我如入仙境，贪婪地翻阅着国内外各种书刊，并有机会了解天文台的工作及使用天文望远镜，眼界大开。不久李珩、陈彪也来研究所工作，我得到他们不少的教导和帮助。

　　1947 年夏，我在上海参加了包括中国天文学会在内的七科学团体联合年会，认识了其他科学领域的一些人士。那年 10 月，我离开天文研究所到上海暨南大学天文系听课。不久，李国鼎先生邀我协助他编辑《科学世界》月刊，为了维持生活和进一步了解科普编辑和写作业务，我便做了中华自然科学社的编辑，因此又结识了不少同行，如

《科学大众》主编王天一和一些科学家。

1945年5月1日，重庆《大公报》刊表了我的第一篇科普文章《介绍夏时制》，从那以后我便开始了科普写作。1947年，到天文研究所后，由李珩介绍，我开始给《科学世界》写"每月天象"的连载，并配上我手绘的每月星图，还发表过一篇万字长文《南京紫金山天文台巡礼》，反响良好，这也就是为什么李国鼎要我担任《科学世界》编辑的原因。李国鼎后来成为台湾科技界和经济界的领军人物，一直重视科普工作。

1948年，我父亲认为，我最好还是去天文研究所工作，于是，我得到张钰哲所长（不久前他从美国考察研究天文回来）的允许，暑假期间又到天文研究所实习。后来我得到张所长的赏识并经他出题考试，终于成为研究所的正式成员，从此我就献身于我国的天文事业。

不久，解放战争逼近长江，国民党政府作鸟兽散，命令南京各科学机构迁往台湾。天文研究所只得将重要图书装箱运往上海。

在上海，我和卞德培结成天文同好，并组织成立了"中国青年天文联谊会"。该联谊会在1950年发展成为中国天文学会所属的大众天文社。我们在上海编辑出版了《大众天文》月刊（附刊在《科学大众》杂志中）。

1949年9月，天文研究所去沪人员连同运沪书物又回到了南京，10月1日在天文研究所升起了五星红旗。天文研究所正式被命名为中国科学院紫金山天文台后，由我主要负责的科普工作也蓬勃开展。每逢周末与节假日，紫金山天文台为广大群众开放，接待成千上万的学生和解放军等。在工作实践中，我得到了锻炼，后被正式分配担任天文普及组组长。我还在中国天文学年会上被选为大众天文社总干事、《大众天文》总编辑。我们突击学习俄文，在张台长的倡导下，集体翻译了苏联天文科普名著《天文爱好者手册》（科学出版社 1955 年出版）。当时，我和沈良照还校译了苏联著名彩色影片《宇宙》，和卞德培合编了大型天文教学和普及图集《天文学图集》，促进了天文普及活动的开展。

由于工作需要，我还担任了紫金山天文台的台务秘书，协助台长处理台务。

1953 年 2 月 23 日，毛泽东主席来紫金山天文台视察，我曾陪同，担任讲解并合影留念，对此，我一生都难以忘怀。

总之，紫金山天文台就是我的大学，为我后来的天文科普工作奠定了基础。

北京天文馆的诞生

从紫金山天文台的图书资料中知道天文普及的最好设施就是"天文馆"（以前中译为"假天馆"）后，我就下决心要在中国开创天文馆事业。我曾在《宇宙》1949 年的最后一卷，发表《用行动纪念高鲁先生》一文，其中就提出了建设一座天文馆的设想。1950年我应邀到北京中央科普局参加中央人民科学馆中的天文科普规划时，曾和袁翰青局长面谈建设天文馆的计划，他表示很赞同。1951年，我在紫金山天文台收到民主德国蔡司光学厂寄来的最新版《蔡司天象仪和天文馆》一书，使我对现代天文馆的情况有了全面了解，于是立刻和该厂联系，了解天象仪的售价等问题。我也开始在书刊上介绍天文馆事业，介绍苏联天文馆的情况。1951年，我在北京拜见了吴晗副市长，他不久前曾去民主德国参观了天文馆，对在北京建立天文馆的态度非常积极，很赞成我的建议，要我尽快提出建馆计划。1952年，我起草的"北京天文馆筹建计划"送给了中国科学院竺可桢、吴有训两位副院长，并转送北京市政府讨论，由于经费无着，只能等待。1953年，我在《科学大众》上连续发表三篇文章，都明确呼吁建设北京天文馆。1954年9月，中国科学院电召我到北京筹建北京天文馆。多年愿望，一朝实现，使我激动不已。到京后，我经手订购了蔡司天象仪和天文望远镜等仪器，并将卞德培从上海科普协会调来北京参加建馆工作，后来又请陈遵妫教授来北京主持建馆工作。1956年前后，有一段时间由我负责北京古观象台的修复和开放工作，我参加编制了"中国古代天文学成就"等5个展览。1956年5月1日，北京古观象台以"北京古代天文仪器陈列馆"的名义，正式对外开放。

古台开放后，北京天文馆的建设进展迅速，我也积极投入开馆前的各种准备工作，最主要的是为600平方米的展厅设计"天文知识"展览,并为门厅、圆廊、演讲厅布置壁画、科学家像等。值得一提的是,门厅天顶由吴作人等美术家合作创作了《牛郎织女》等,以中国神话为题材的镶嵌壁画和十二生肖图;在圆廊内墙面绘制了黄道12星座图案;在外墙面悬挂了为迎接将要到来的太空时代而复制的《飞往月球》《土星美景》等16幅世界著名的太空美术作品。

天象厅的星空表演在我国还是未曾涉猎的领域。我根据过去10多年的科普实践,精心设计和编写了《到宇宙去旅行》40分钟的表演节目,这可以说是一个集科学、美术、音乐、演讲、表演为一体的综合创作。1957年9月29日北京天文馆开幕时,它作为第一个星空表演节目而引起轰动,以至成为40多年中屡演不衰的保留节目,观众累计约1000万人次。最令人难忘的是,那年10月7日的夜晚,周恩来总理到天文馆来,我荣幸地陪他观测星空,并合影留念,随后请他到天象厅里观看星空表演节目,得到了他的赞赏。

北京天文馆的诞生,标志着我国的科普工作进入一个新阶段,它是新中国成立以来兴建的第一座大型现代化科普场所,成为我国的天文普及中心,也因此,前大众天文社的历史使命逐渐结束。

1958年4月,在陈遵妫、卞德培和我的倡议和积极筹划下,《天文爱好者》杂志诞生,这是继《宇宙》《大众天文》之后,我国出版的最好的天文科普杂志。

　　在北京天文馆建成后的最初 10 年（1957 — 1966 年）中，我主持对外宣传工作，编导了许多星空表演节目，如《环球旅行》《天空动物园》等都很受欢迎；组织了群众性天文观测和天文讲座，并带着天文望远镜、幻灯片、挂图到工厂、学校、农村进行过大量科普活动；还先后编制了几十个大大小小的天文科普展览。

　　我国天文界老前辈、北京天文馆研究员李鉴澄在《北京天文馆成立 30 周年纪念文集》中评论道："天文馆早期节目以李元同志写的《到宇宙去旅行》最受欢迎。当时天象厅讲稿不采用录音，由专业人员亲自讲解。李元同志经常登台讲解，并担任导演。他对于天象厅的创作、排练工作，作出了积极的贡献。"

　　"文化大革命"后期，天文馆又逐渐开展工作。1973 年，根据周恩来总理指示，在北京天文馆举办"纪念哥白尼诞生 500 周年图片展览"，由我和卞德培、张淑莉负责，我们较圆满地完成了展出任务。

　　从早年的酝酿筹备到开展大量科普工作，从 1952 年草拟建馆计划到 1982 年调至中国科协，我为北京天文馆工作达 30 年之久。在 1987 年建馆 30 周年之际，我获"天文馆事业的先驱者"荣誉奖状，也是该奖状的唯一获得者。

　　在北京天文馆的 30 年，是我科普工作的重要阶段。1997 年 9 月，在参加天文馆建馆 40 周年活动时，我回顾往事，确认北京天文馆是我科普生涯的重要里程碑。

├ 科学普及的艺术化

科学普及的艺术化是我追求不懈的目标。在 20 世纪 40 年代初，我就开始收藏科学图片，当然以天文图片为主。从收藏到编图出版，也是我一生中最重要的科普工作之一。

新中国成立之初，新华书店总店要求紫金山天文台编制一本科学挂历，这项任务由我承担。我在日历之上加印了 12 幅天文照片，介绍了从太阳系到银河系的基本知识，结果很受欢迎，后来还把图片单独印成《天文图画册》（1951 年）。为了满足广大天文爱好者的需要，我在大众天文社编印过近百种小型天文照片，1954 年还编印过袋装的《天文图片》明信片 20 种，后来又出版大型的《天文学图集》（与卞德培合作），至今我国还没有新的天文活页图集超过其规模。1957 年在国际地球物理年期间，我和地球物理学家秦馨菱、陈志强合编了《地球物理知识图片集》，也是 8 开大小。1980 年出版的《中国大百科全书·天文学》卷中的彩色图页得到国内外好评，并单独印成一本图册。1985 年，我又编制成《哈雷彗星》挂图，由中国科协印发数万份。我还在许多报刊上发表系列科普图片，如在《少年科学画报》上连载的彩色图片《看宇宙》（1993 年）和《看地球》（1994 年）等。近几年，我还参加了《天文博物馆》《宇宙博物馆》《彩色天文图鉴》等大型天文科普图册的编制工作。

从 1950 年起，我就在中央人民科学馆筹备处编制了《天空的秘密》《月亮》《太阳》等科普幻灯片。20 世纪 80 年代前后，又在北京幻灯制片厂编制了彩色幻灯片《漫游宇宙》《太阳系》《恒星宇宙》等，还与上海科协影像部合作编制了彩色太空美术幻灯片《宇宙在召唤》，这些都在科普及教学活动中起到了良好的作用。

1951 年，我参与校译的彩色影片《宇宙》，在全国上映，这是我国普遍放映的第一部彩色天文科普影片。后我为上海科影引进并校译的苏联彩色影片《科学电影的秘密》《星星为人类服务》《通往星球的道路》等，均在全国上映。

从 20 世纪 60 年代起，我开始参与电视科普片的制作工作，80 年代曾推荐引进美国著名科普系列片《宇宙》（13集），由中央电视台组织译制。

此外，我还参加编制为纪念中国天文学会成立 60 周年（1982 年）、70 周年（1992 年）的彩色图册《中国天文学在前进》两册及同名彩色录像带一盒。

在为全国中小型天文馆编制星空表演节目方面，我也投入不少力量，编成多篇节目用稿。

上面的不完全统计，可以表明几十年来我所尝试和大力倡导的方向。

├ 协助编译《大众天文学》

世界科普名著《大众天文学》由法国弗拉马利翁于1880年编著完成。20世纪60年代，李珩教授根据1955年修订版翻译这本百万字的大书，并由我协助他校译、配图。我根据英译本进行核对，并配以现代的天文彩色图片。中译本于1965—1966年分三册由科学出版社出版，16开，共计660页，800多幅图片。可惜正在出版第三分册时，开始了"文革"，致使该书未能广泛流传。而李珩教授和我都对该书付出了大量心血（该书于2002年修订再版）。

├ 引进两套科普精品

对于我们科学技术较为落后的国家，我非常赞同鲁迅先生提倡的"拿来主义"。1978年，在上海举行的全国科普座谈会上，我就做了介绍外国科普图书出版状况的长篇发言，引起了大会的重视，后来这个发言材料曾编入《科普创作概论》等书。同年，我曾上书中央领导，建议翻译出版美国《生活科学文库》与《生活自然文库》两套丛书，后经批准由科学出版社与美国时代公司合作出版中文简体字本，共30种。该丛书内容丰富，插图精美，是一部我国前所未有的科普精品书。

┝ 倡导太空美术事业

自从法国科幻作家儒勒·凡尔纳推出《月球旅行》等多本宇宙航行的科幻著作，一门新的科学美术——太空美术发展起来，名家辈出。从 1944 年开始接触现代太空美术作品后，我就十分注意搜集太空美术作品。1980 年前后，我与美国、日本等国的太空美术界取得联系，1980 年编写成《世界太空美术巡礼》长文，并在各种报刊上介绍了上百幅著名太空美术作品（大多为彩图版）。1984 年，我和沈左尧合作编制了大型太空美术展"宇宙画展"和"宇宙在召唤"，在国内一些城市巡回开展，观众达 200 多万人次。多年的宣传普及工作，促进了我国太空美术事业的兴起和发展。

┝ 普及星座和星图知识

认识星座和观测星空是天文爱好者最主要的活动。自 1947 年以来的 50 年中，我先后在《科学世界》《科学大众》《知识就是力量》《少年科学画报》等期刊上发表"每月星座图说"等系列文章和自绘星图，后来还出版了《趣味的星空》一书。

1957 年，我绘制的《简明星图》出版，第一次引进国际星座界线的标准。

1984 年，李珩和我合译的《星图手册》由科学出版社出版。这是一本世界科普名著，出版后极受欢迎，由于它是指导星空观测的内容丰富的手册，即使对天文学家也很有用处。后来根据最新版本重新修订、扩大，1995 年在台湾出版了修订本。该书印刷精美，成为我国星图图册中的精品。1988 年我和李兆星编译的《全天星图》，至 1997 年已印刷 4 次，印量达数万册，是目前在天文普及和教学中使用最广泛的星图。自 1989 年起，我在《天文爱好者》上发表"现代星图巡礼"和"星座的艺术"系列文章，普及星座和星图知识，受到天文爱好者的重视。

├ 促进两岸科普交流

我一向关注台湾科普事业的发展，因为它是中国科普事业的重要组成部分。经过多年的调研，1987 年我在中国科普作协的学术交流会议上做了长篇报告"当代台湾科普动态"，详细介绍了台湾在科普出版以及其他活动方面的情况。后来此文在台湾科普界得到重视，不久台湾《牛顿杂志》派驻美特约编辑到北京采访，对促进两岸科普交流起了不小的推动作用。1992 年，台北天文台台长蔡章献第一次来大陆访问，他也是台湾科普界的一颗明星（荣获第 2240 号小行星命名），我专程前往上海机场欢迎，并陪同他到南京、北京等地进行访问。后来，我在《科普研究》1990 年第 7 期发表了《台湾的科普设施与活动》长文。

├── 外国科普事业的调研

1982 年，我由北京天文馆调至中国科普研究所担任外国科普研究室主任，更积极地从事外国科普事业的调研工作，先后发表《美国国家地理学会——百年来的科普出版物》《美国国家地理学会百年史话》《日本的科普事业》等长篇文章，还在许多报刊上发表对外国科普书刊、作家评介性的文章数十篇。

1989 年，我作为中国科协代表，去德国的汉诺威和柏林参加国际科学促进会会议，顺访了柏林墙两边的科普机构，对德国科普事业有了进一步认识，回国后写成多篇出访报告，在《科普创作》等刊物上发表。我曾在那次会议上提交了题为"中国的科学普及工作"的史料性报告，引起大会注意，并广为散发。

1992 年，我在亚太区天文教育会议上做了题为"天文学与太空美术"的长篇报告，并放映 50 多张太空美术幻灯片，后来日本东京大学出版的这次会议文集收录了该报告。

1995 — 1996 年，我去美国探亲旅游期间，对美国的许多科学馆、博物馆、天文馆，以及科普专家等进行了广泛的调研，回国后在《知识就是力量》《科技潮》《科技日报》《科技馆》等报刊上发表了 50 多篇"访美见闻"，促进读者对美国科普与文化的了解。

├ 充满信心地走向 21 世纪

1996 年 2 月我由美回国后，有幸参加了第一次全国科普工作会议，使我受到极大的鼓舞。特别是 1998 年 5 月我获得小行星命名的消息见报后，更得到国内外的祝贺、鼓励和鞭策。中国著名天文学家、中国天文学会理事长李启斌研究员对我的祝贺是："欣闻第 6741 号小行星已用阁下大名命名，谨致最诚挚的祝贺。您为中国科普事业所作的贡献连同您的大名将永远在太空中照耀。"我拜读这些衷心的祝贺与采访我的作品之后，异常激动。这种荣耀只能说是国内外同行和朋友们对我的过高赞誉，小行星的命名也只是一种对中国科普界的代表性荣誉，而我并不具有充分的获得资格。

回顾已走过的 50 多年科普道路，虽然编著、校译和引进过数十部科普图书，发表过数百篇科普文章，开创过中国天文馆事业，但也只是尽力而为，水平并不很高，不足之处或力不从心之处仍很多，只有在未来的岁月中继续努力，把自己的余生献给中国的科普事业。

我今年已 73 岁，但精神旺盛，身体健康，我将满怀信心地走向 21 世纪。

1998 年 6 月 73 岁生日时完稿

（原载《科普研究》1998 年第 3 期）

到宇宙去旅行

├ 奇妙的宇宙旅行
——记北京天文馆人造星空的表演

当走进北京天文馆一座宏伟的圆顶建筑物——天象厅的时候，我们都会有一种新奇有趣的感觉。这真是一个奇妙的地方，用麻布做成的巨大而

美妙的人造星空

洁白的圆顶出现在我们的头上，那就是人造的天幕；大厅的四周是圆形的墙壁，一共有 600 张舒适的坐椅，但是它们并不只朝着一个方向。最奇怪的还是放在大厅中央的高达 5 米的仪器，它的形状好像一只哑铃……对于这一切的一切你还来不及细细地思索时，优美的音乐已经荡漾在大厅中了，乐声是那样的和谐悦耳，从圆顶的中央向着四周

放送的音波，就像是太阳的光芒普照着大地一样。讲解员清脆的声音传来：

亲爱的同志们！今天表演的节目是"到宇宙去旅行"。现在我们来到了一个奇妙的地方，在这里，既没有宇宙飞船，又看不见太阳、月亮和一颗星星。但是我们却要到宇宙去旅行，要去探索星空的秘密！

谁带着我们到宇宙去旅行呢？那就是放在我们中间的这一架精巧复杂的仪器，它的名字叫作"天象仪"。它可以表演各种各样的天文现象，能够巧妙地在圆顶银幕上放映出美丽的星空。在这一次的宇宙旅行中，它将成为我们最亲密的朋友和向导。现在就让我们去做一次假想的宇宙旅行吧！

趣味的星空

大厅的灯光渐渐暗淡下来，夜色降临了，星星渐渐地明亮起来。转瞬间，我们已经坐在灿烂的星空下，巨大的圆顶已经不知去向，每个人的心情都被这种美妙无比的景象激动着。这时，讲解员的话语把我们引向星星的海洋：

夜色渐渐地笼罩了大地，天上闪耀着美丽的

星星……它们像大海一样，无边无际的，出现在我们面前。

现在出现的天空正和我们今天夜晚在北京看到的星空完全一样。在地平线四周的是北京的万家灯火，在我们头上的是星光灿烂的天空。从古以来，天上的星星就和我们人类的生活有着密切的关系。星星在天空的位置和它们有规律的移动，帮助人们在陆地和海洋上确定自己的位置，不迷失方向。什么星星出现的时候应该播种，什么星星出现以后是该收割的时候了，人们早就积累了许多类似的经验，可见天文学和农业生产也有着密切关系。我国是世界上天文学出现最早的国家之一，我国古代的天文学就是在密切配合农业生产的基础上发展起来的。

如果细心地去看一看天上的星星，你就可以看到，它们三三两两地组成了各式各样的图案，那就是星座。星座的形状是常年不变的。像北斗七星就是我们很熟悉的，由七颗亮星组成，是大熊星座的一部分。从北斗七星的两颗亮星的连接线上，可以找到北极星。北极星一年到头总在正北的方向，所以它是在夜晚指示我们方向的一个重要标志。

在夏天和秋天的夜晚，可以在天空中看到一条轻纱般的银河。在银河的两岸有一对情人，就是织女星和牛郎星，关于他们的故事，等到后面再讲。

我们看到的星空，不是静止不动的。它们和太阳、月亮一样，也有东升西落的现象。这并不是星星真的围绕着地球转动，而是因为地球从西往东自转的缘故。所以在同一个晚上，随着时间早晚的不同，星空的形状也不同，总是西面的星渐渐落下去，东面的星跟着升起来。

不但这样，就是在一年中不同的季节里，星空的情况也是在变化的。也就是说，虽然同是在晚上9点钟，但是在春、夏、秋、冬不同的季节中，我们却可以看到不同的星座。假如我们现在的时间都是晚上9点钟，那么星空的形状在四季中是怎样变化的呢？夏天过去了，牛郎、织女星和银河都改变了它们的方向，出现在我们头顶上的是一个巨大的四方形，它就是飞马星座，和它连在一起的是仙女星座，这些是秋天星空中重要的星座。

现在出现在我们头顶上的是冬天的星空，这七颗星组成了最壮丽的猎户星座，在猎户座下面的是大犬星座，大犬星座中最明亮的星就是天狼星。冬天刚刚过去，春天的星座又来了，狮子星座像一头雄壮的狮子横跨在天上，它是春天最主要的星座。在不同的季节里，我们看到不同的星座，这不是地球自转造成的，这是因为地球围绕着太阳公转而产生的现象。

此外，我们在地球上不同的地方，看到的星空也是不相同的。地球是一个圆球，住在北半球的人和住在南半球的人，看到的星空就不一样；在北京和在南京或者在广州看到的星空也不相同。大概说起来，在北半球北极星的高度，就相当于当地的地理纬度，因为北极星正在地球自转轴所指的方向；在北京，我们看到北极星的高度接近40°，这就是说北京的地理纬度也接近北纬40°。所以我们在地球上从北往南旅行的时候，就会看到北极星越来越低，南面的星座越升越高；如果是从南往北旅行的话，你就可以看到相反的情形——北面的星星越升越高，南面的星星越来越低了……

美丽的星空在我们面前一幕幕地过去。随着讲解员一个发光箭头的指点，我们认识了好些星座，也明白了星空变化的一些规律，在几分钟内所收获的胜过多少书本上的知识和几个月星空观察的经验，更何况我们是足不出户，坐不离席，就能看到天南地北各处不同的星空呢。

月亮的世界

讲解员的话题又转到我们的卫星月亮上去了：

月亮离我们 384400 千米，月亮是绕着地球转的，它是地球的卫星。

美丽的月亮，自古以来就引起人们的无限美感和幻想。现在东方已经发亮，一轮明月就要升起来。

果然从东方升起了一个又圆又明的月亮。

月亮比地球小，它的直径大约是 3500 千米，如果把月亮放到地上来，和我们中国的大小差不多。每到中秋节的时候，大家都怀着喜悦的心情来欣赏月亮。古时候，人们把月亮上的黑影子看成一个人或一棵树，在我国民间的传说里把月亮上描写得非常美丽，说在月亮上有美丽的嫦娥在跳舞，有桂花树在飘香，还有小兔子在捣药……其实这些仅仅是想象。现在，用天文望远镜可以把月亮看得清清楚楚。

月亮上比较暗的黑影部分，是广大的平原和沙漠。古代的天文学家把它们叫做"海"，实际上在月亮的海洋里是一滴水也没有的。现在已经

月亮的真面貌

知道月亮上几乎没有空气，水就更不用说了。因为没有空气和水的调节，月亮上的白天被太阳晒得热到100℃以上。但是在没有太阳光的夜晚，温度就会很快地降到-150℃以下。所以月亮是一个没有生命的安静的世界。月亮上这些明亮的部分尽是些高低不平的山地，从更高倍率的望远镜中，就能看得更仔细。

一幅更大的月亮形象出现在天幕上，让我们认清了月亮的真面目。

它们是许多大大小小的圆环状的山，叫作

"环形山"，月亮上的环形山一共有 3 万多座。月亮上的吸引力只有地球上的 1/6，在地球上能跳 1 米高的人到了月亮上就可以跳几米高。所以飞檐走壁在月亮上并不是什么稀罕的事，我们每个人在月亮上都可以跑得快、跳得远，想要打破地球上世界运动会的纪录，那是轻而易举的事情。

嫦娥奔月的神话故事虽然只是一个幻想，但它表达了人们想要飞到月亮上去的愿望。现在人类征服自然的力量越来越大了，也许在座的诸位中，就有一些是将来乘宇宙飞船到月亮上去的第一批旅客。

很多观众都发出了会心的微笑。

太阳和日食

对月亮的访问结束了，再到和我们地球关系最密切的一颗星球——太阳上去吧！一个明亮的太阳出现在面前。

太阳的体积比地球大 130 万倍，就是说太阳的肚皮里能装得下 130 万个地球。但是为什么我们看到的太阳只有月亮那么小呢？那是因为太阳离我们地球 1.5 亿千米，比月亮要远得多。到太阳去旅行，简直是一场最大的冒险，因为太阳是一个巨大的高热的气体星球，它自己发热发光。

它表面的温度 6000℃，中心的温度高达 1500 万℃，任何坚硬的钢铁、石头，在太阳上都要化成气体！当然，想要研究太阳也不一定要做这样冒险的旅行。如果你能碰上一次日全食的机会的话，你也可以看到一些平常看不到的太阳上的现象。

日食，简单地说，就是月亮把太阳遮住的现象。每当月亮走到太阳和地球的中间，而且太阳、月亮、地球三个星球成为一条直线的时候，日食就发生了。但是在同一个地方，看到一次日全食的机会却是很稀罕的，平均在三四百年当中，才能看到一次日全食。就拿北京来说，要等

日全食

到公元 2035 年 9 月 2 日的上午才能看到日全食。但是在天文馆里，我们却能随时看到这一种自然界的壮丽现象。

你看，月亮不停地由西往东前进着，太阳已经开始被月亮遮住了一小部分，日食开始了……在世界日食的记录当中，我国有最早和最完整的日食记录，远在 3000 多年以前的殷代，我国就已经有日食的记载了……太阳被遮住的部分越来越大，当月亮把太阳完全遮住的时候，最美丽的日全食来到了。

霎时间，日全食的景色已经吸引了观众的注意，就如同身临其境一样，人们的心情是那样的激动和紧张。讲解员继续在讲解：

日全食的现象，是那样的壮丽动人。这时大地昏暗了，只有在地平线的远处，才能看到一些微微的亮光。天上出现一些比较明亮的星星。飞鸟走兽都显出不安的样子，匆匆忙忙地回到自己的窝里。它们奇怪，黑夜为什么来得这么突然呢？这时，太阳周围出现了非常美丽的银白色的光芒，那是太阳外层的大气；同时，在太阳的表面有着深红色的火焰，那是太阳上高热的气体爆发而形成的。日全食的景色的确是美丽而神秘的，难怪它引起古人的害怕，他们认为这是太阳被天狗吃掉了，这是最不吉利的事情。可是现在我们已经完全知道了日食的道理，并且能够预知日食发生的时间了。

月亮不停地移动着，一次日全食就快过去了，但是它在我们的记忆中却留下了不可磨灭的印象。

动人的表演和生动的讲解，使人们看到和明白了自然界壮丽的日食现象。

访问行星

这时，五大行星出现在人造星空中：

在这满天的星星当中，有时我们会发现几位新来的客人，它们不属于任何一个星座。经过了几十天的仔细观察，你会发现它们在星星当中慢慢地移动着位置，它们就是地球的兄弟姊妹，是围绕着太阳运行的行星。我们肉眼只能看到五个行星，就是水星、金星、火星、木星和土星。

从地球上看起来，水星和金星总是离开太阳不远，总是在黄昏或黎明的时候被我们看到，金星比哪一颗星都要亮得多。

红色的火星，简直是地球的双生姊妹，不过

它比地球小，从大望远镜里看到火星的南极和北极有着一顶白色的帽子，那是一层薄薄的霜和雪。火星上面虽然比地球上冷得多，空气也很少，但是很多人曾认为火星上也很可能有生命的存在，火星的生命之谜深深地吸引着人们去探索。

木星老大哥是最大的行星，它的体积比地球大 1300 倍。土星老大姐特别的美丽，在它的周围有着一个明亮的光环，科学家已证明这光环是环绕在土星周围的微小物质旋转而成的。

太阳系里最远的三个行星就是天王星、海王星和冥王星（编辑注：现已降为矮行星）。因为它们太远了，我们如果不用望远镜，单用肉眼是看不到它们的。

讲解员一边讲解行星的运动，一边又用幻灯片介绍了行星的各种情况。

流星和彗星

当讲到"夏天的夜晚我们在院子里乘凉的时候，常常看到飞流而过的流星"的时候，我们听到放映仪器马达嗡嗡作响，流星已经从四面八方飞流而下。

流星也是太阳系里的星球。其实它们只是一些不太大的石头，当飞入地球大气层的时候，就和空气飞快地摩擦而发光发热，这就是我们能看到的缘故。绝大多数的流星都被化成微小的灰尘飘散在空中了，只有少数的流星没有被空气摩擦完而掉在地球上，这就是陨铁或陨石。这些从

划破夜空的流星

宇宙空间来到地球上的客人，我们有时可以在博物馆见到。像这一个陨星重 36 吨，它主要是由铁组成的。因此，我们知道宇宙间的物质，不管是在地球上或者是在别的星球上，它们只有形态上的不同，而并没有本质上的区别。

恐怕天上再没有比彗星更能引起人们的注意了。它拖着一条长长的尾巴，样子是那样的奇怪，而且它是不经常出现的，所以每当这位天上的客人来访问我们的时候，总会引起惊动。过去

有些人把彗星的出现当作大难降临的预兆，其实这是没有根据的。彗星也有人把它叫作扫帚星，它们也是绕着太阳转的星球，不过彗星本身大部分是由稀薄的气体组成，当它接近太阳时，受到太阳光的强大压力，彗星中的气体就被推向后边，成为彗星的尾巴。

在我们这一次的宇宙旅行中，很幸运地可以看到一颗美丽的大彗星——哈雷彗星从西北方的地平线上出现。你看，彗星不是已经出来了吗？它拖着一条美丽的尾巴，按照自己的轨道前进着。

哈雷彗星

果然，一颗巨大而美丽的彗星在西方出现，它的尾巴那么漂亮和奇怪，紧紧地吸引着所有观众的注意。讲解员说：

在我国悠久的历史中，有着丰富的彗星出现的记录。《春秋》一书就有公元前 613 年哈雷彗星出现的记载，这是世界上第一次关于哈雷彗星的确切记录。每隔大约 76 年，哈雷彗星都会按时回归。我们想要在自然界的天空中看到这颗大彗星，要等到 2061 年前后，现在 10 多岁的小朋友，还有机会欣赏它再次回归时的倩影。

彗星离开太阳越来越远，它的尾巴也越来越短。现在，彗星虽然已经消失，但它留给我们的深刻印象是很难忘记的。

远离了太阳系

随着星空的慢慢变幻，讲解员接着说：

当我们向着深远无边的星空海洋前进的时候，让我们回头看一看我们的故乡太阳系和我们的老家地球。我们走得越来越远，它们也就越来越小了。现在，我们走到了离太阳 14 亿千米的地方，太阳已经看起来小得多了，在它周围旋转的就是我们居住的地球和它的兄弟姊妹们。你看水星小弟弟多么顽皮，它跑得最快，绕着太阳转一圈还不到 3 个月，金星妹妹却要半年以上。这就是我们的地球，我们大家就住在这里，它绕着太阳一年转一个圈子，同时我们也都长了一岁。火星绕太阳一圈要两年的时间；木星老大哥走得太慢了，它绕着太阳转一圈要 12 年；最慢的还要数土星老大姐，你看它走得那样缓慢，因此它绕太阳转一圈，几乎要 29 年半。

太阳系虽然很大，在这个家庭里有太阳、行星、月亮和流星、彗星等，但它不过是宇宙间的很小一部分。当旅行到无边无际的恒星世界时，我们就会觉得宇宙是多么的辽阔、伟大……

最使人感兴趣的是牛郎织女的故事：

除了刚刚讲过的太阳系中的星球以外，天上的星星都叫作恒星，它们都是一个个的太阳，自己发光发热，只是因为离我们非常遥远，所以看起来就成了一颗一颗的小星星。太阳是离我们最近的恒星，它的距离也许诸位还没有忘掉是 1.5 亿千米。宇宙间速度最快的是光，光每秒钟大约走 30 万千米，从太阳到地球也要走上 8 分钟多。但是走到别的恒星，光就要走上几年甚至几十、几百年。

光在一年当中走大约 10 万亿千米的路程，我们把这一段距离叫作一光年，它是测量星星远近的一把尺子。我们熟悉的织女星，根据最新测定结果，它的距离是 27 光年，那就是说，我们现在看到的织女星还是 27 年前织女星的样子，靠了光的传播，才让我们今天看到它。今天的织女星怎么样呢？那要 27 年以后再见。

和织女星隔着银河相对的是她的爱人牛郎星，他们之间有着说不完的情意和诉不完的相思。在我国的神话传说里，每年阴历的七月初七的晚上，牛郎织女要渡河相会，这究竟是真的吗？我们当然是同情他们的，而且愿意帮他们的忙，但是科学事实却打破了我们的幻想。根据科学家的测量计算，织女星和牛郎星相隔 16 光年，就是说，光和电也要走上 16 年的时间。假如牛郎给织女发一个无线电报说："亲爱的织女，我们两个今天晚上 8 点半钟在北海公园相会好吗？"织女星接到电报后一刻不停地马上回电表示完全同意，但是这个电报一来一往就要 32 年。这 32 年的时间是多么长啊！可见在一天晚上要相会是不可能的事情，何况牛郎、织女是两颗星，而不是两个人。故事虽然很美丽，但终究不是事实。

这一段幽默风趣的解说，引起观众的一片笑声。

银河的秘密

在笑声中，我们的注意力又很快被讲解员集中在了一起：

隔在牛郎和织女面前的那条白茫茫的银河又是什么呢？西洋人把它叫作牛奶路，我国把它叫作银河或天河，银河的秘密还是在望远镜发明以后才被揭开的。银河既不是牛奶铺的道路，也不是银色的河流，银河就是由千千万万颗恒星组成的星空，因为恒星太多了，看上去成了一片光芒。从望远镜里，可以把银河中的星星一个个地分辨出来，这个恒星的大家庭叫作银河系，它里面有亿颗以上的恒星。银河系像一个扁圆的烧饼，从侧面看上去就是这样。从银河系一头走到另一头，光也得走上8万多年。

银河由千千万万颗恒星组成

我们的银河系还不是整个的宇宙，它只是无限的宇宙海洋中的一个小岛而已。我们的太阳系就是在银河系的边缘附近。宇宙间像我们这样的小岛，也就是别的银河系，还有很多很多。离我们最近的一个是在仙女座方向的银河系，它和我们的距离在 150 万光年以上。

像另一个在猎犬星座的银河系，离我们有600 万光年。从它的形状上看得出它正处于激烈的运动之中，所以才有了像江水里的旋涡形状。可见，在宇宙间，小到原子世界，大到恒星宇宙，没有静止不动的东西。物质都是在运动着和发展着的。

无限的宇宙

我们的旅行被引到越来越遥远的世界：

像这样的银河系，从现代的最大天文望远镜里，已经知道的就在 1 亿个以上，它们当中有的竟达到 10 亿光年到 20 亿光年那么遥远的距离，它们也有各自的运动。但是就在这样遥远的宇宙深处，仍然没有找到宇宙的边界。同志们，宇宙是不会有边界的，宇宙是无限的，宇宙是物质的。我们这些宇宙旅行家，不可能漫游整个宇宙，只能匆匆忙忙、走马观花地得到一小部分星球世界的印象；而无限的宇宙还在我们面前，有待我们进一步地去研究。

亲爱的同志们！我们这一次的宇宙旅行就快要结束，在我们将要分手的时候，我建议大家暂时静静地回忆一下这一次不平凡的旅行。黑夜就快要过去，让我们迎接美丽的早晨吧！

这时，一阵轻缓的音乐响起，仿佛在抚慰人们激动的心灵。

地球不停地前进着和转动着，天上的星星也以它们庄严的步伐从东往西运行着。当东方露出了第一线曙光的时候，那就告诉人们早晨快要来到。天上的星星已经消失在曙光里，大地又见到了光明，我们新的一天又开始了。

40多分钟很快地过去了，天象厅中的"夜"渐渐退去，"早晨"来到了。讲解员风趣地向观众们问候早安，并且祝观众们在学习和工作中获得新的成就和胜利。

每个人都好像大梦初醒似的，从"宇宙旅行"中回到自己的座位上来。当走出天象厅时，人们还不断地回忆着这一次奇妙的旅行。在天象厅外围圆形走廊的绿色墙面上，陈列着色彩绚烂、富有想象力的"星际航行"的科学幻想油画。这虽然是未来的理想，但是我们只要努力，一定可以把理想变为现实，在将来真的坐上宇宙飞船，到别的遥远的星球上去旅行。

（本文是对北京天文馆的第一个星空表演节目《到宇宙去旅行》的描述，曾于1957年9月28日和10月5日分两次刊登在北京的《科学小报》上）

┠ 环球旅行
——北京天文馆星空表演节目讲稿之一

亲爱的观众，今天我邀请大家一起在我们居住的地球上做一次从南到北，由北至南，跨过赤道，穿越两极的环球旅行。

天文馆的星空表演

当天象仪转动起来的时候，我们就可以"环绕地球一周"。一路上，我们将看到不同地带的星空变化，欣赏各地的自然风光。

出发以前，先介绍一下旅行的路线：

我们从北京（北纬40°）向北前进，一直到达地球最北点——北极（北

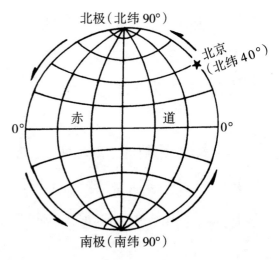

环球旅行路线图

纬90°），然后从北极往南，经过赤道（纬度为0°）奔向地球最南点——南极（南纬90°），最后再从南极回国。

在旅行开始以前，让我们先来认识一下——

北京星空

……夜幕像一层薄薄的青纱从天边撒落下来，北京的夜晚来到了。在黯蓝的天幕上，银河迷茫，繁星闪烁。自古以来，星星就给旅行的人们指点着方向，并能告诉人们在地球上所处的位置和大致的时间。在我们的旅行中，当然也离不开星星的帮助。

夏夜，我们在西北方向的天空中可以找到明亮的北斗七星。它们是大熊星座的一部分。把斗口外边两颗星的连接线延长约5倍远，就可以找到北极星。认识了北极星就

可以知道正北的方向。

在北半球旅行的人，常用北极星的高度来测定自己所在的地理纬度。就北半球来说，任何地方的地理纬度大约等于当地所见北极星的地平高度。夏夜，向南方天空看去，那里有巨大的天蝎座。冬夜，我们又可以看到明亮的猎户座。"三星"（猎户的"腰带"）就在它的

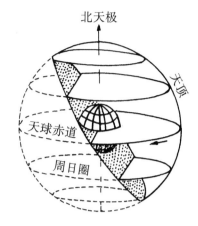

北半球中纬度地区的天球周日转动

中间。"三星"在北京最高时大约有 50°，"三星"斜下方就是天狼星。

仔细观察，就会发现星空不但在慢慢地转动着，各个方向上的星星在天空中转动的路线也不相同。这是由于地球自转的缘故。在北京和中纬度地区，大部分的星星都沿着一条条倾斜的"道路"慢慢地升起和落下。太阳、月亮同样也是斜升斜落。所不同的是，太阳在不同日期的出没方向和中午高度都不相同。就北京来说，夏至那天，太阳从东北升起，到西北落下，中午太阳到达一年中最高的位置，高度为 73.5°；冬至那天，太阳从东南升起，到西南落下，中午太阳到达一年中最低的位置，高度只有 26.5°。而在春分和秋分，太阳才是从正东升起，到正西落下，中午太阳的高度都是 50°。

为了这次旅行，北京的星空我们应该熟悉的就是这些。

现在，我们正式出发，朝环球旅行的第一个目的地——北极前进。

离北京不远，城市的灯光就渐渐疏远了，天空中的星星显得更加明亮。我们一直向北前进，北极星越升越高，当它高于53.5°的时候，这就表明我们已经和祖国告别了……现在北极星已离地平90°了，这说明北极已经到了。让我们在这里停留，开始去——

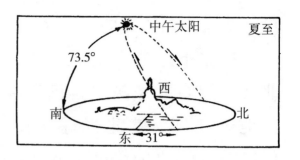

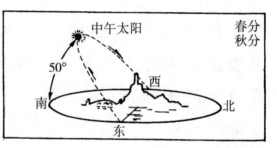

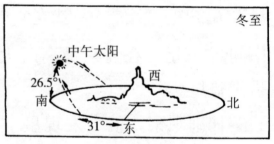

北京地区（北纬40°）太阳的视运动

访问北极

现在我们正站在地球的最北点，也是地球上各条经线的交叉点。因此，从北极点出发，不论往前还是往后，往左还是往右，面前只有一个方向，那就是南方。这使我们联想起一个有趣的现象：人们常喜欢居住在向阳的北房，因为它能得到阳光的照射和温暖，但无论如何北房总是只有一面朝向南面。如果在北极点上建筑起一座房屋的话，它不仅四面向阳，甚至连续半年太阳都会给人以光明和温暖。

北极点四面都是南方

北极终年覆盖着冰雪。一座座巨大的冰山飘浮在北冰洋上（有的高达几百米）。北极尽管寒冷，这里也同样可以看到不少动物，身材高大的白熊和以海为家的海豹都是这里的老"居民"。

北极天空的现象也是非常有趣的，首先让我们来看看北极天空的太阳。

在每年的夏至（6月22日）前后，北极的"夏季"温度也在0℃以下，太阳在离地平最高的天空照耀着极地。奇怪的是，一天里太阳总离地面一样高低，从左往右以顺时针方向运行着。不管钟表指着中午12点还是晚上12点，太阳仍高高地在天空中照耀着。在地球上的北极圈和南极圈地区内都有机会看到这种现象。

在"夏季"（从春分到秋分）里，北极的太阳从不下落。这里有6个月都是白天，太阳总是在天空螺旋式地转圈：从春分开始，太阳螺旋式地上升；夏至那天离地平最高，有23.5°；夏至以后，它又逐步螺旋式地下降；到了

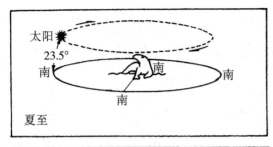

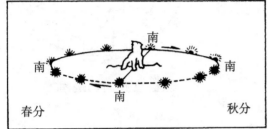

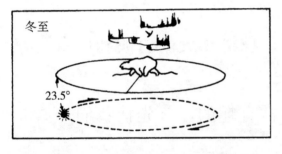

北极地区（北纬90°）太阳的视运动

秋分，太阳和春分一样就在地平圈上旋转。秋分过后，它就告别了北极的天空转到地平线下面去了，直到第二年的春分，这期间就是北极看不见太阳的半年。

送走了太阳以后，才有机会欣赏北极的夜空。这时，北极星出现在天顶，北斗七星也高高地在北极星周围转动着。至于著名的猎户座，只有北半部出现在地平以上才看得到；而天蝎座和天狼星已经看不到了，银河正横跨半个天空。在北极，天球被地平分为相等的两部分，地平又和天球赤道是重合的。天轴直立在地平面上，所有的星星都绕着天轴并与地面平行地以顺时针方向转圈。在地平以下的星星永不升起，而地平以上的星星永不下落。

在繁星密布的夜空中，经常闪出五颜六色的光芒，那就是极地天空的彩色光辉——极光。它们忽明忽暗，变化不定地改换着姿态。有时比较明亮，好比霞光照耀；有时又极为清淡，犹如一片薄云，随风飘动。这种大自然壮丽的景色，在两极和高纬度地区见到的机会较多。

北极的访问结束了，我们从地球的另一面往南旅行，向着赤道前进……北极星慢慢下降了。当北极星降低到地平线上的时候，赤道已经到了。这时，出现在我们面前的是一片引人入胜的——

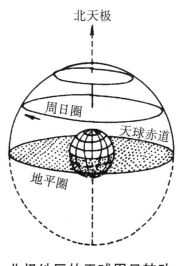

北极地区的天球周日转动

赤道景色

在赤道上，星星、月亮和太阳都从地面笔直地升起，笔直地落下。对于太阳来讲，在春分、秋分这两天里，中午正好在天顶照耀，我们甚至看不见某些物体的影子。在赤道上，不仅太阳，就是星星也同样是沿着直升直落的路线运行着。在赤道的天空中，

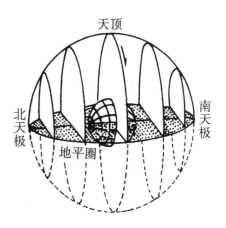

赤道地区的天球周日转动

天球北极和南极正好在地平面上的北点和南点。天轴横躺在地面上。星星都和地平垂直地绕着天轴转动。所有的星星都有机会从地平升起，也都有机会落入地平。因此赤道上是见到星星最多的地方。

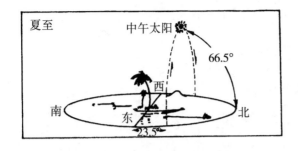

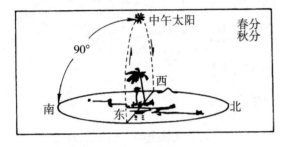

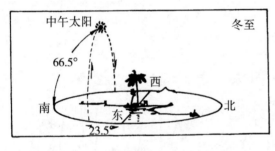

赤道地区（纬度0°）太阳的视运动

赤道的星空和北极的星空有很大区别。当赤道上"三星"高高挂在头顶上空时，在北极，"三星"却刚好隐没在地平面下。再往南看，出现了许多我们很少见、甚至从来没有见过的星座，如南十字座、苍蝇座等。当我们旅行到南极时还会详细地介绍它们。

赤道的景色是丰富多彩的，然而我们不能在此久留，我们还要继续向南，向着人类最后发现的大陆——南极洲前进……

当我们到达南极洲的时候，远远有一群企鹅前来"欢迎"我们。企鹅是南极大陆的主要动物。它的高度在1米上下，头部和背部全黑，只有前胸是白色的。企鹅长着一对小翅膀，但却不会飞，只能直着身子一摇一摆地走路。企鹅不怕人，它们是南极旅行家最好的朋友。

南极洲是世界上最寒冷的地方，就是在夏天，温度也只有0℃左右，冬天甚至会冷到-80℃。因此它有"世界冰箱"的称号，又被称为"风雪之乡"。然而我们却很幸运，遇到了风消云散、晴空万里的好天气，就让我们趁着这晴朗的夜晚来欣赏一下——

南极之夜

一年四季的顺序在南北半球正好相反。北半球夏季时南半球是冬季。当北半球是春分到秋分的时候，太阳在南极整个半年都不"露面"。即使在"中午"，星星也大放光芒，照耀天空。南极星空的转动和北极一样，星星都不升不落地和地面平行地（循着逆时针方向）旋转着。

南极地区的天球周日转动

对于住在北半球的人们来说，南极天空的许多星座都是新奇有趣的。我们首先看到一个巨大的星座，它除了占去银河的一部分以外，还横跨半个天空。在古代的神话中，把它描绘成一只美丽而壮观的南海之船，叫南船座。因为它的范围太大了，现在已分成船尾、船帆、船底、罗盘等 4 个星座。在这个星座中有一颗亮星叫老人星，它是仅次于天狼星的一颗亮星。南极天空中更引人注意的还是闪耀在银河中的南十字座。它主要由 4 颗亮星组成，好像个"十"字。在南半球的一些国家的国旗和邮票上，也能看到南十字星座的图案。南十字星座一直被航海家用来指引方向。因为从

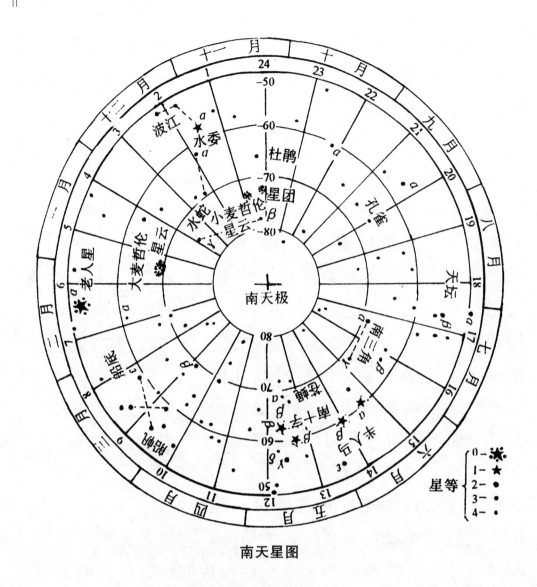

南天星图

南十字座 γ 到 α 两颗星画一条直线，并延长约 4 倍远的地方，就是天球南极的大概位置。可惜在南极没有一颗亮星可以大概指示南天极的位置，只有一些暗星组成了南极座。

在南十字座附近，还可以看到属于半人马座中的两颗星，较亮的 α 星叫南门二，另一颗 β 星叫马腹一。它们都是著名的亮星。南门二是颗黄色的恒星，而马腹一却是颗蓝色的恒星。两颗宝石般的亮星，色彩辉映。因为它们紧靠近南十字座，常常被叫作南十字座的"看护人"。南门二是离我们最近的恒星之一，距离为 4.3 光年。此外，在南十字座旁，还可以看到一个圆形的黑块，好像天空中的一个大窟窿，这是银河的"煤袋"，是由一些尘埃物质把后面的银河星光遮住而形成的。

南极天空里有两个星云十分引人注意。它们也是由许多的恒星组成的庞大星系，是我们银河系的近邻。400 多年前麦哲伦率领船队，到达南美洲的南部时，最先在航海日记中描述了它们，后来就把它们分别叫作大、小麦哲伦星云。

我们的环球旅行到现在已经走完了一大半路程。一路上，不但亲眼看到各个纬度的不同星空现象，而且也认识了各个地区的自然风光。现在我们又要和南极告别，一直向着北方前进，飞过茫茫的海洋，经过我国南海，重返我们的祖国……

北极星又从地平升起后不久，我们就跨进了祖国的国境；当它的高度到达 18°时，我们来到祖国南海最大的宝岛——海南岛。这里生长着高大的热带植物和茂密的森林。波浪滚滚的海水、浩瀚无边的蓝色海洋展现在我们面前。

从海南岛往北，就进入了我国广阔的大陆。从这里回到北京，还有几千里的路程。我们要翻山越岭，跨江渡河，走遍我国锦绣河山。从环球旅行归来的我们，更感到祖国的伟大可爱，不少人愿意在回到北京以前，去参观访问祖国各地蓬勃发展着的社会主义建设。因此我们的环球旅行就到此结束，好在条条道路通向北京，将来在重返北京的归途中，是坐火车、坐轮船，还是乘飞机，那就请大家自己选择吧！

让我们到北京再见！

（原载《天文爱好者》1965 年第 9 期）

┤ 天空动物园
——北京天文馆星空表演节目讲稿之二

为少年儿童举办的天文故事表演节目现在开始。

小朋友们，你们好！今天大家到天文馆来，一定非常高兴。

在这里，你们将听到些什么和看到些什么呢？也许你们一点也没有想到，首先和你们见面的是老虎和熊猫。

请看：这是动物园里的一只老虎，它安安静静地躺在那里，两只眼睛又大又亮，显得多么神气。这种老虎生长在我国东北的深山里，后来才到了动物园，也许你们和它见过面。

看！这是两只大熊猫，它们穿着白围裙，戴着黑眼镜。大熊猫是世界上最稀罕的一种动物，只有在我国四川、陕西、甘肃等省一部分的高山上才有机会碰到它们。

老虎、大熊猫和大家见面，这还不算奇怪，更奇怪的是这里的大熊和小熊。我们的故事就从它们说起。

李元为《天空动物园》设计的封面

　　大熊和小熊，它们一年四季都住在茂密的森林里，过着无忧无虑的生活，从来都不知道外面的事情。这只小熊正站在那里呆呆地看着前面，那副模样又顽皮又可爱。

　　你看它爬到树上去了，一直往上爬，好像要到天上去玩，到天上去找它的同伴。

　　小朋友，天上有太阳，有月亮，还有星星，难道也有大熊和小熊吗？

　　现在请你们跟着这个发亮的小箭头往上看，这些都是天上星座的名字，这里不但有小熊和大熊，还有狮子、天蝎和天鹅。天空好像真成了动物园，这就是我们遇见的最大的动物园，它叫作天空动物园。

天空动物园

这就是我们今天要仔细参观的地方，这个动物园很特别，白天休息，夜晚开放。在天空动物园里，我们会看到几千颗亮晶晶的星星。在这满天星星的图案当中，我们会找到各种各样的动物。下面就让我们一个一个地来认识它们吧！

当白天过去，黑夜来到的时候，星星越来越多，慢慢地布满天空。

小朋友们，天空动物园现在已经开放，无数颗星星正向你们招手呢！热烈欢迎你们前来参观。在参观开始的时候，应首先认好正确的方向。这里有 4 个字，它们会帮助你辨认方向。你看，这里是"东"，这里是"南"，这里是"西"，这里是"北"。

来到天空动物园，首先碰到的就是大熊。现在它正站在西北方向的天空中，这只大熊除了尾巴长一点以外，和一般的动物园里的大熊没有多大差别。可你仔细一瞧，这哪儿是一只熊啊，那不过是许多明亮的星，根据这些星星组成的形状，古人就把它们想象成一只天空的大熊。

原来，在几千年前，交通很不方便，也没有钟表，要想认识方向，要想知道大概的时间，白天可以看太阳，可是到了晚上呢，就要看天上的星星。天上有好几千颗星，怎么去认识它们呢？古人就把一些比较亮的星，三个一群、五个一伙地用假想的线连接起来，把它们画成各种形状，有的像熊，有的像狮子，有的像头牛，这每一部分星合起来所占的星空区域就叫一个星座，全天一共分成 88 个星座。

现在，让我们来看看大熊星座吧！

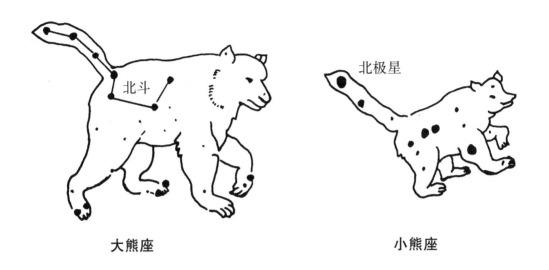

大熊座　　　　　　　　　　　　小熊座

在大熊星座里，这几颗星特别明亮，像一个有把的勺子，它们有个专门的名字叫北斗星，因为一共有七颗星，所以又叫北斗七星。这七颗分别是摇光、开阴、五衡、天权、天玑、天璇和天枢。将北斗七星当中的天璇和天枢这两颗最亮的星连一条直线，一直往前去，大约在这两颗星 5 倍远的地方，会碰到一颗稍暗一点的星。这颗星很重要，叫北极星。北极星一年到头都在北方，为我们指示着方向。

北极星在哪个星座呢？它是属于小熊星座的一颗星。

你看，这就是天空中的小熊星座，北极星正在小熊的尾巴上。小熊是我们在天空动物园中遇到的第二种动物。在晴天的晚上，你们可以试着在自然界的天空中，找一找北斗七星和北极星。

我们看着天上的大熊和小熊，只觉得它们离我们太远了，可惜不能把它们带回来送给动物园。小朋友们，天上绝大多数的星都是自己会发光发热的恒星，它们离我们都非常遥远。你们想知道恒星离我们到底有多远吗？天文馆有位叔叔，请他讲给你们听：

还是让我们从跑得最快的光说起吧！光每秒钟能跑 30 万千米。它从月球到地球需要 1 秒钟多，要是从太阳来到地球，得走 8 分钟多。可是从遥远的恒星射来的光，就要走几年、几十年、几百年……光在一年里大约走 10 万亿千米，这段距离就叫 1 光年。像大熊星座里北斗七星当中离我们最近的这颗星，它发的光也要经过 49 年才到达地球；最远的这颗星的光要 192 年，也就是说，它和地球距离有 192 光年那么遥远。

小朋友们，你们看，天上的星星都像迈着整齐的步伐在从东往西运动呢！这是怎么回事？这是因为地球在转动。地球每天从西往东自转，人在地球上，感觉不出地球在转，反过来只看到天上的太阳、月亮和星星，从东方升起又向西方落下去。不但这样，又因为地球还绕着太阳转圈，所以在春、夏、秋、冬四季里，晚上同样的时间，比如说都是晚上八九点钟，看到的星星也不相同。这就是说，在一天不同的时间里或者在一年不同的季节里，人们在天空动物园看到的动物都不一样。正因为这样，我们把天空动物园里的动物，也按季节分成四个不同的动物馆，我们首先去参观的是"春季馆"。

春季馆

我们来到了"春季馆"。春季馆只在 3 月、4 月、5 月开放。

在春天晚上可以看到有这几颗亮星，连起来像一把镰刀，这里的三颗星又像三角形。聪明的古人就把这些星连接起来，想象成一头大狮子，这是头部，这是尾部，它就是狮子星座。在它的面前还有一只巨大的螃蟹，叫巨蟹

狮子座

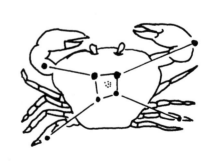

巨蟹座

座。这头狮子张开大嘴好像正要把螃蟹吃掉。春季馆里，除了这头狮子和这只巨蟹，还有一位保护大熊的卫士和一位主管农业的女神和大家见面。这是牧夫星座里的大角星，它就是人们想象中保护大熊的卫士。牧夫星座和狮子星座当中的是室女星座，室女在神话中被看成主管农业的女神。

夏季馆

现在我们该去参观"夏季馆"了。夏季馆开放的时间是 6 月、7 月、8 月的夜晚。

夏天，在没有月光的晚上，我们可以在天空中看到一条云雾状的光带，古人叫它天河，也叫银河。说起银河，使我们想起动物园湖水上的天鹅。你看，这里有五颗亮星，它们合起来像个大十字形，古人就把它们想象成一只飞翔在银河上的天鹅，它就是天鹅星座。在天鹅附近还有一只老鹰和一把古代七弦琴，它们就是天鹰座和天琴座。天鹰座这颗亮星是牛郎星，天琴座这颗亮星是织女星。

顺着银河往南，可以看到一群亮星组成弯弯曲曲的形状，真像一只大蝎子，它就是天蝎星座。在天蝎星座后面的一组星，被看作准备用箭射死蝎子的半人半马的英雄，它就是人马星座。天蝎座亮星较多，其中这颗红色的亮星，我国叫它心宿二，它像是天蝎的心脏。据科学家计算，心宿二的体积比太阳要大 2700 万倍。

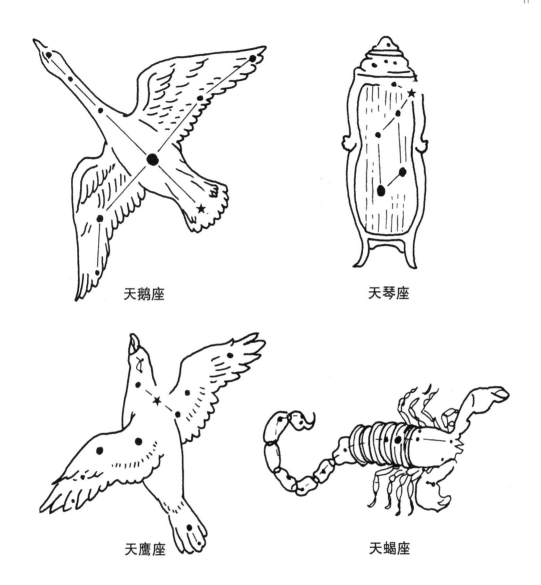

天鹅座　　　　　　　　　　天琴座

天鹰座　　　　　　　　　　天蝎座

　　夏天过去了，凉爽的秋风轻轻吹来，我们到"秋季馆"去看一看吧！

秋季馆

　　现在我们来到了秋季馆门口，秋天的星座已经出现在我们面前。秋季馆只有在 9 月、10 月、11 月开放。在秋季馆里最值得注意的是一匹长着翅膀的飞马，这种动物在地球上是没有的。如果想在天空中找到它，你可在秋天的夜晚，往头顶的天空看去，就会看到由四颗亮星组成的大正方形，这就是飞马星座的主要部分，至于马头，正在它西边靠下的部分。按照古人的想法，这匹英俊的飞马在天空中就是这副模样。在飞马面前有一个小小的星座，就是这里的海豚座。海豚是海洋里的动物。飞马星座是秋天里最主要的星座。

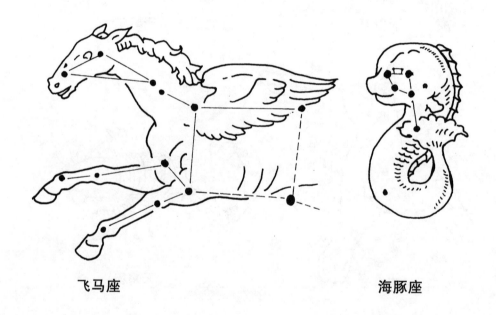

飞马座　　　　　　　　　　　　　　海豚座

冬季馆

秋天很快就过去了，最后我们来到"冬季馆"。冬季馆在每年12月、1月和2月开放。

冬天的天气虽然很冷，可是天空动物园里却特别热闹，这里有许多明亮的星星，古人把它们划分成许多星座。这里有凶猛的金牛，有大犬和小犬，还有一位猎人。

在猎户座的上方，属于金牛座的有个中外闻名的星云。这个由气体组成的星云形状像螃蟹，叫蟹状星云。它是公元 1054 年一颗超新星爆发后留下的残骸。什么叫超新星呢？就是由于爆发而突然变亮几亿倍的星。我国古代有关于它的完整记录，所以国际上叫它"中国新星"。

冬天正是打猎的季节，我们在动物园里就碰到了一位

猎户座

金牛座

小犬座

大犬座

打猎英雄。下面，就让猎人老爷爷给我们讲讲打猎的故事吧！

　　喂！地球上的孩子们，你们看见我了吗？我高高地站在天上，我是天上的猎人。只要你们在冬天的夜晚，从南面天空中找到这七颗亮星，就找到我了。古人看了这几颗星排列的样子，想象成打猎的人，因而给我起了"猎户"的名字。这个星座也就叫猎户星座了。上边这两颗星是我的肩膀，中间是我的腰带，我的宝剑在这里，下面这两颗星就是我的两条腿。在我面前，有一条野牛冲过来了。它是天空动物园里最凶猛的野兽，古人给它起了个"金牛"的名字。看样子它是很凶的，可是我并不怕它，我手里拿着武器，后边还有两条猎狗，也就是这里的大犬和小犬给我帮忙呢！

　　小朋友们，我很高兴看到你们，我更喜欢那些勤奋好学的孩子。不要忘记，每年冬季的夜晚我都会准时来看望你们的，不管天气有多冷，西北风有多大，我都不会迟到，希望到时候你们也能来和我见面。这里用不着留下我的住址，你们只要牢牢记住我腰带上的三颗星就成了，许多人把它们叫"三星"，就是这三颗星。"三星"就是我最明显的记号。

如果你万一找不到"三星"，也可以在冬天夜晚的南面天空中找到这一颗亮星。它是全天最亮的一颗恒星，叫天狼星，在天狼星的右上方就是"三星"。这个方法也不难记住。

好！小朋友们，让我们在冬天晚上再见。

我们已经参观了天空动物园中春、夏、秋、冬 4 个馆，在这半个多小时的时间里我们已过完了一年。但是，我还要告诉大家，今天我不过在这里给你们带带路，作一些简单的介绍。实际上天空动物园的主人并不是我，那是谁呢？它就是站在你们中间的天象仪，正是它为我们准备了丰富的节目，安排了参观的内容。你们看，直到现在它还在那里为你们忙着呢，来不及和大家谈话，只托我向你们问好，欢迎大家以后常来这里，它一定准备更好的节目来招待你们。

当你们快要离开天空动物园的时候，每个小朋友都应该问问自己在这次参观中得到了什么知识。

我想大多数同学都会有共同的答案：认识了天空动物园的动物，有大熊、小熊、狮子、天蝎、天鹅、天鹰、飞马、金牛等。大家也都知道，天空中实际上并没有这些动物，这是为了帮助大家认识天上的星座，才用故事图画和天上的星星结合起来进行讲解，使大家更容易记住。

随着天象仪的转动，天上的星也慢慢地由东往西移动着，当东方出现黎明的曙光时，就告诉我们又一天的早晨开始了！

小朋友们，再见！

（本文曾作为"星空表演解说词"由北京天文馆印制成册）

天文探奇记

├─ 天文学的发现

从神话到科学

人类掌握科学知识经过了漫长的过程。人类探测星球、认识宇宙的科学叫作天文学。

自古以来，人们对天的认识，对日月星球的认识，走过了从神话到科学的道路。和别的科学一样，并不是一有人类就有了天文学。科学是以事实为根据的系统知识。

古人崇拜自然，继而又转变为崇拜主宰自然的神，如太阳神、月亮神、风神、雨神、雷神……古人把星星也编成许多神话故事，一直流传到今天。

神话是古人对自然现象的一种解释，也是人类感情的寄托。但是光依靠神话是不能真正了解自然的，反而在很长的时期内，神话统治了人们的思想，蒙住了人们的眼睛。

并不是所有的人愿意永远生活在神话和迷信中，他们渴望了解自然现象，想要挣脱迷信的锁链。

于是，人们开始去摸索自然规律，去探索宇宙奥秘。

要想了解太阳、月亮、星星，只有从观察它们的运动规律和现象开始，因为它们在天空上，谁也够不着、摸不到。

太阳在天空中东升西落的出没方向、照射地面的高低角度，就是人们首先需要探求的规律。

月亮的圆缺变化也是人们特别注意的天空现象。古代没有电灯，夜晚多数需靠月光才能活动，他们能不注意月亮的动态吗？

室女星座

天上的星星，三个一群、五个一伙，组成了各种各样的形状，日久天长，人们就把它们看成了一个人、一只飞禽、一头野兽……给星星起上了名字，这就是后来的星座或星宿。什么星星出现的时候，该是什么季节了；什么星星能给人们指路、辨认方向……古人发现，天上的星星也有它们各自的位置，也有它们出没的规律。

人们对天上日月星球的了解，最初是从生活需要出发的，这些知识日积月累就脱离了神话，一步一步地形成科学。

天文学就是这样发展起来的。通过天文学家的研究，我们可以获得丰富而正确的天文知识，让我们真正认识宇宙，再也不受迷信的愚弄。

古代的天文学

天文学的形成和人的成长一样，是逐步形成的。最初的天文学很简单，但是它为后来的发展打下了基础。

人们为了定方向、定时间、定季节，就要观察太阳在天空中运动的规律。

首先，太阳是从东方升起，到西方落下。但是仔细观察后发现，太阳并不是每天都从一个方向升起，它总是有规律地改变着升起和落下的位置。

后来，人们把一年中太阳上升点的中心点定为"东"方，把一年中太阳下落点的中心点定为"西"方；把太阳在一天中最高的那一点的方向叫作"南"方，背后的那一点叫作"北"方。这四个方向的规定，是天文研究十分重要的依据。

人们又发现，当太阳从正东升起到正西落下的一天，太阳出来的时间和落下去的时间长短（就是现在我们所说的昼夜）大致是一样的。人们还发现，太阳从东最偏南升起到西最偏南落下的一天，白天最短，夜晚最长。反过来，如果太阳从东最偏北升起到西最偏北落下时，白天最长，夜晚最短。而且白天最长时，中午太阳也是一年中在天空最高的时候。我们现在知道，这一天是夏至。这些规律的发现使后来制定历法有了依据。

　　月亮的形状和出没也是古人观察的重要内容。人们发现月亮从圆到缺、从缺到圆的变化规律是很有趣的，每个月里都能照样重复一次。古人还详细观察了月亮在星空中经过的路线，中国古代的天文学家把月亮经过的星空划分成二十八宿（28 个星座）。

　　古时候，当夜晚来到的时候，人们很自然地会注意天空中星星的方向、位置、形状和移动。他们发现：星星也东升西落，每颗星星每天出没的时间也不一样，而且在一年中，各个季节（根据太阳的出没方向大概划分的季节）的夜晚，星空都不相同。但是，星空的转动和星座的变换在一年当中也是有规律的。

　　有时，太阳忽然被一个黑影遮住，天昏地暗。这种日食现象，曾引起古人的极大恐慌。

　　满月照耀的夜晚，突然月亮被一个巨大的黑影所吞食，月食发生了。这又是怎么回事？

　　有时，天空中忽然出现了长尾巴的星——彗星；也常看到划过夜空的流星；还有那落到地上来的陨石……这些都需要议论和记录下来。在一些星宿或星座中偶然出现了一颗本来没有的亮星——客星（新星），这难道不值得注意吗？这些都是古人观察天象的重要内容。

中国古代天文学

　　中国古代天文学，对世界有过许多贡献。中国古代有丰富的天文现象记录，其中有许多记录是世界上最早的，或最多最完善的。这些记录对现代天文学的研究，仍有着重要的参考价值。

最早的太阳黑子记录 太阳表面并不全是光亮的，经常或多或少地出现一些黑点，就是太阳黑子。实际上这是太阳上的一些气体旋涡（就好比地球上的台风），温度比周围的部分低一些，所以看起来较黑。世界上最早的太阳黑子记录在我国汉朝的《汉书·五行志》中："河平元年三月乙未，日出黄，有黑气，大如钱，居日中。"这就是说，在汉朝河平元年的三月份乙未那一天，太阳出来是黄颜色的，在太阳表面有黑色的东西，和铜钱大小相仿，在太阳中心。据考查，这是公元前 28 年 5 月 10 日的太阳黑子记录，也是现在已经知道的世界上最早的太阳黑子记录。

最早的日食记录 在阳光普照大地的白天，太阳忽然变得暗淡无光，天上也出现了几颗星星，大地昏暗了，飞鸟走兽都匆匆忙忙赶回自己窝里，这就是日全食现象。古时候，人们因为不了解日食发生的道理，所以当日食发生的时候总是惊慌害怕，以为太阳被天狗吞食了，或者被什么怪物抓走了。因此，日食现象是古人最重视的一种天象。现在世界公认的日食最早记录，是我国史书上所载的公元前 2137 年 10 月 22 日的日全食。在河南省殷墟出土的甲骨文中，也有 5 次日食记载。公元前 776 年的日食记录是非常可靠的，在《诗经·小雅》中记载着："十月之交，朔月辛卯，日有食之。"这比巴比伦最早的日食记录早 13 年。最完整的古代日食记录在《春秋》一书中记载最多，在

242 年内记载有 37 次日食现象。

最早的月食记录 一轮明月的夜晚，圆圆的月亮忽然被一个庞大的黑影遮盖，使它的光亮消失，这就是月食现象。它虽然不像日食那么惊人，但也十分引人注意。现在公认的世界最早的月全食记录，是指我国《逸周书》中记载的公元前 1137 年 1 月 29 日的月全食。而且，我国汉代的大天文学家张衡指明了月食的道理。他指出：月亮本身不发光，是阳光照亮了它。当月亮进到地影中时，就发生了月食。

丰富的彗星记录 我国历史上有着世界最早、最完整、最丰富的彗星记录。彗星，就是过去人们常说的扫帚星。1985—1986 年，哈雷彗星成为人们议论的热门话题，因为它在那时又回到太阳附近来了。它每 76 年绕太阳一周。

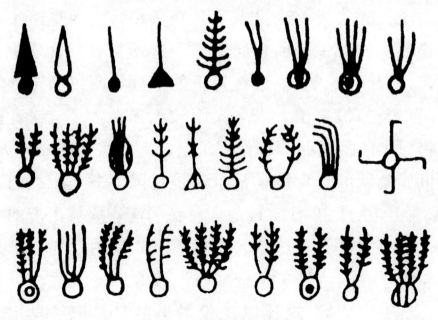

马王堆汉墓中的彗星图

《春秋》这本书里就记录了鲁文公十四年（即公元前 613 年）"秋七月，有星孛入于北斗"。说明有一颗彗星出现在北斗星那里，这是世界公认的哈雷彗星的最早记录。从公元前 2316 年至公元 1911 年，我国历史上共有彗星出现的记录 554 次。1973 年在长沙马王堆出土的汉墓中，还发现了世界上少有的关于彗星形态的 20 多种生动图画。此外，在我国古书《晋书·天文志》上已经指出彗星不发光，是太阳光把它照亮的。

中国古代天文学的贡献还表现在其他许多方面，例如创建了多种历法、制作了许多天文仪器、建造了古老的天文台，以及许多有关的天象观察记录等，这些都表明中国古代天文学的发达。

哥白尼推动了地球

古代的许多人，包括一些天文学家在内，每天看到太阳和星球都是东升西落，便以为地球是宇宙的中心，认为太阳、月亮和肉眼能看见的金、木、水、火、土五大行星以及满天的星斗都是围绕着地球旋转的。这种思想在上千年的漫长年代中一直统治着人们的思想，阻碍了天文科学进一步的发展。

一直到 450 多年前，公元 1543 年，波兰伟大的天文学家哥白尼确认太阳才是世界的中心，发表了《天体运行论》这本有名的科学著作。他的太阳中心说宣布以后，才把人们对宇宙的看法从陈旧错误的观念中解放出来。太阳中心说认为世界的中心不是地球而是太阳，地球和别的行星一道绕着太阳运行。当然，对于太阳系这组天体来说，太阳是太阳系的中心，而后来天文学的发展，又使人们认识到，对整个宇宙来说，或者对银河系来说，太阳系也只是其中的一部分罢了。

打开眼界

很久以来，人们一直都是用两只眼睛来观测星空的。可是人的眼睛很小，视力有限，天空中比较远的、比较小的星球就看不到，而且光用眼睛看，星星也只能被看成是一个光点，在它们的上面到底是个什么样子，谁也没法看清楚。所以，从前的天文学只能告诉我们天空的星球是怎样运动的，却无法知道星球本身的详细情形。

望远镜的发明，打开了人的眼界，使人类观测宇宙的能力大大增强了。那是 1609 年的事，意大利科学家伽利略第一次用刚发明的望远镜对准天空的月亮，看清了月面上原来有许多山谷和平原，首先揭开了月球的秘密。后来又看到木星还有 4 颗卫星绕它旋转，这就更说明地球也一样是绕着太阳旋转的，这对太阳中心学说是一个有力的支持。再看那茫茫的银河，原来它是由众多的繁星组成的。用望远镜发现的星空秘密，真是太多了。

后来又发明了照相技术，其实天文望远镜就是一架大照相机，把照相底片放在天文望远镜上就可以拍摄到星球的照片。天文照相有一个特点，拍照的时间越长，照片上拍到的星球越多，所以天文照相把人的眼界又进一步扩大了，使人对宇宙的认识更深入了。还有许多其他科学仪器的发明，也促进了天文学的进步。

天文望远镜拍摄的月球环形山

1957年第一颗人造地球卫星发射成功，太空时代开始。后来又发射了许多行星探测器、宇宙飞船、航天飞机、太空望远镜等，把天文科学推向了一个更广阔的领域，人类认识宇宙的眼界扩大了。1969年人类已经登上月球，还有一些无人驾驶的宇宙飞船，已经在金星、火星上着陆，

第一颗人造地球卫星

看来，人类到达别的行星的日子也不远了。近 30 多年来，我们对太阳系各星球的认识大大提高了，所得到的有关行星的知识，超过以往几百年。

（原载《气象·天文的故事》，明天出版社，1995 年）

├ 天体摄影的奇迹

天文学是最精确的数理科学之一，又是一门最有诗意的科学。宇宙以它的宏伟和壮丽向我们发出召唤，让我们去探测它的奥秘、应用它的规律、欣赏它的美丽。天体摄影在我们面前展示的奇迹，就是由于它的特殊效果在探测宇宙的奥秘和欣赏宇宙之美的方面都满足了我们的需要。

100 多年前，当照相技术刚刚发明的时候，天体摄影也就诞生了。1840 年，人们拍摄了第一张月球照片。随后，天体摄影不断进步，使天文学得到很大发展。帕洛马天文台的巡天摄影星图，完成于 20 世纪 50 年代，是探索宇宙的有力工具。1936 年，人们拍摄了第一张日全食彩色照片；40 年

在月球上拍摄的地球

代末又拍摄了火星的彩色照片。50 年代末，用 5 米反射望远镜拍摄了星云、星系等遥远天体的彩色照片。近 10 几年来，天体彩色摄影得到了新的发展，不但有美丽的外形，而且加深了细节的表现。近 30 几年来，航天事业的发展，开拓了天体摄影的新领域，而丰富多彩的太空宇宙影像，又揭示了更多的宇宙秘密，使人们大开眼界。全波段的天文观测和电脑图像处理，使人们的宇宙视线面目全新。

天体摄影的最大特征是它的准确性。它可以把星空中的各种现象准确地记录下来，作为宇宙形象和天体动态的保存者和见证者，作为宇宙的档案和史料。天体照片能反映出精确的时间、地点和拍摄的星空范围，这对宇宙的研究是极为重要的依据。

天体摄影的另一特征是它的快速和节省时间。比如，我们要编制一个 10 等星精确位置和星等的星表，共有 30 多万颗恒星，如果一颗颗地去测量、绘图，那将是多么浩繁的工作。但是用摄影方法进行拍照和测量，那就要节省几十倍、几百倍的时间，而且准确率极高。

天体摄影的奇迹还表现在光亮的积累上。用眼睛通过望远镜去观测星空，时间越久，眼睛越累，效果越差，越看越不清楚。但是天体摄影，特别是对遥远的天体，或光度暗弱的天体，却正和用眼睛观测相反——摄影的时间越长，光线的积累越多，天体的图像越清楚。比如对某一天区拍照片，1 分钟的露光在照片上只有 100 颗星，但 10 分钟的露光，却可看到 1000 颗星或者更多。这种效果，使人们对宇宙有新的发现。这都不是人眼所能代替的。

近代天文学的成就，几乎离不开天体摄影。如日食、恒星光谱、视向速度、星云形态、星表编制，以及分光双星、分光视差、照相测光、恒星大气、卫星和行星的物理研究，小行星、彗星的发现与定位等，都要依赖天体摄影观测。

广角望远镜（施密特望远镜或照相机）的应用在天文学研究上有非常好的作用。例如，用帕洛马天文台直径 1.2 米的广角望远镜，去拍摄赤纬 -27° 以北的全天星象，是一种广泛的宇宙侦察和探索。如果从它拍的照片中发现了一个值得深入研究的目标，就再用 5 米望远镜去拍摄更为精细的照片，并加以仔细研究，从而得到新的发现。两种仪器互相配合，既节省时间，又能深入研究，为探测宇宙提供了十分有效的方法。

├── 射电天文学的诞生

1932年，一位美国的年轻工程师央斯基，偶然发现从银河方向传来了在无线电中可以听到的噪音，经过细心观测和研究，终于确定了这噪音是从宇宙间传来的，因而一门崭新的科学——射电天文学（无线电天文学）诞生了。

射电天文学就是研究来自宇宙的射电波。射电波只是电磁波谱中的一小部分。而电磁波谱的范围是非常宽阔的，从短到不及十亿分之一毫米的 γ 射线，到长达数千米的宇宙射电波。射电窗口是在光学窗口以外的另一个瞭望宇宙的窗口，它包括波长在 0.3 毫米到 30 米的射电波。射电窗口让我们看到另一种不同的"光"，让我们又发现了一个从未见过的领域。像碟状或网状的射电望远镜是天文学仪器中的新伙伴，并不替代光学望远镜，它们是从不同窗口去观测宇宙的，是相辅相成的。射电望远镜的天线"镜面"从几米到几百米，而且有各式各样的形态。射电望远镜主要分为天线和接收机两个部分。天线把射电波聚集起来，接收机把它放大并传送到记录仪器上。

射电望远镜可以不分昼夜、不分晴雨地去探望宇宙的射电活动。为了提高观测的精确度，增强对射电图像的分辨本领，人们常把许多单个的射电望远镜组合成天线阵，

美国射电望远镜天线阵

像北京天文台就有这样的设备。美国近年来兴建了一个非常大的射电望远镜的天线阵，就是把 27 面每面直径 25 米的射电望远镜安放在 21 千米长的 Y 字形轨道上，可以调整移动。这样大的射电天文学仪器，可以和地面上巨大的光学望远镜相媲美。现在，天文学家甚至把射电望远镜的基线拉长到几千米，比如用我国的射电望远镜和澳大利亚等处的射电望远镜进行联合观测，就可以得到更为精确的效果，它们的精确度已经远远超过了光学望远镜。

　　射电天文学为现代天文学事业作出了重大贡献。例如，在射电观测的基础上描绘出银河系的旋涡结构，还有在 20 世纪 60 年代对类星体、脉冲星、星际分子和宇宙微波背景辐射的四大发现，都是依靠射电天文学得到的。

在星空中发射宇宙射电的那一点就叫射电源，在它们当中有很强射电辐射的河外星系叫作射电星系，它发出的光能是一般星系的 2.5 倍，射电能为 2000～20 万倍。像天鹅座 A 就是著名的射电星系之一，距离约 7 亿光年，射电强度为我们银河系的 1000 万倍。此外，半人马座 A 也是射电星系。

现在，天文学家已经探测到成千上万个射电源，把它们编制成多种射电源表，记载它们的名称、位置和射电强度，如英国剑桥大学编制的射电源表，在射电源号码的前面加上 3C、4C 等字样。

虽然已经发现了许多射电源，但是能够在射电源的位置上找到对应的能用光学望远镜看到的天体只有几百个。像天鹅座 A、半人马座 A 等射电星系，都已经用光学望远

半人马座 A 射电星系

镜拍下了它们的照片。

1975 年发现的天鹅座新星，就是一个射电新星，当然也是一个能看得见的射电源。

现在已知的最"亮"的射电源是：太阳、仙后座 A（1670 年前后的超新星遗迹）、天鹅座 A、人马座 A（银河系中心）、半人马座 A、室女座 A，还有金牛座 A（即中国最早发现的 1054 年超新星遗迹）。

├ 全波段天文学的发现

射电天文学为我们打开的射电窗口，只是全波段天文学发现的前奏。

宇宙间一切的辐射，都是以电磁波的形式传播的。把全部的电磁波，按照波长从短到长地排列起来，就成为很长的电波谱。天体和天文现象，都以电磁波的信号来表示它们的存在。但是，几千几万年来，人们只看到电磁波谱中很窄小的一个光学天窗透过来的光学天空。从 20 世纪 30 年代起，射电窗口又使我们观测到射电天空的非凡景象。

还有别的天窗吗？当然有，那就是红外天窗、紫外天窗、X 射线天窗和 γ 射线天窗等。它们分布在电磁波谱的不同波长上。

一端是几千米长的射电波，另一端是不及十亿分之一毫米的 γ 射线。

地面上的天文学家只能利用光学窗口和射电窗口，而其他的波段被地球大气里的气体和带电粒子所阻挡，无法到达地面。要想去看看电磁波谱中各个窗口里的宇宙景象，那就要用气球、飞机、火箭与人造卫星等，把灵敏的科学仪器送上天空和大气外的太空中去进行观测。

1957年，随着人造卫星的上天，人类的太空时代来临了，空间技术的不断进步使我们打开其他宇宙窗口的愿望渐渐变成了现实。这就使天文学进入了全波段天文学的崭新时期，红外天文学、紫外天文学、X射线天文学和γ射线天文学都先后走上宇宙科学的舞台。

红外天文观测的主要对象是行星、卫星和彗星，不能发光的恒星的"星胚"和晚期恒星。红外天文学可以在研究恒星的生命史中发挥作用，还可以探讨银河系中心、塞佛特星系和类星体等。现在，巨大的红外望远镜已经安装在3000～4000多米的高山天文台上，还有一架被红外卫星带上天空，给银河系中心拍下了清晰的照片。

1972年，为纪念哥白尼诞生500周年，发射了以哥白尼命名的轨道天文卫星，上面带的就是紫外和X射线望远镜。它探测了分子氢、分子氧等在银河系空间的分布情况；发现了大范围的细微的网状物质云，它们可能是超新星爆发时形成的。

但是，从20世纪60年代以来，最重要的天文发现，还是在X射线天文学的领域内。天文学家发现了天蝎座X-1的强大X射线源，它也是最初发现的X射线源。1970

年 12 月，在肯尼亚东海岸外的印度洋上发射的"乌呼鲁"（自由）X 射线天文卫星，发现了 100 多个 X 射线源，它们分布在银河系内外；还发现了一种密度极大的中子星和一种可能叫作黑洞的奇妙天体。

在 γ 射线天文学方面，发现有些脉冲星和 X 射线源也发射 γ 射线。1977—1979 年，陆续发射了 3 颗高能天文卫星，它们主要的研究课题就是 γ 射线天文学、X 射线天文学，以及宇宙线等。

总之，天文学上的观测波段，从狭窄的光波扩展到整个电磁波谱，观测手段不仅在地面上而且扩大到了空间，尽管有了不少发现，但是等待我们的还有更多的新课题。

┠ "小绿人"在呼叫

这是关于发现脉冲星的故事。

1967 年，英国剑桥大学射电天文台发现有一些奇怪的符号在他们高灵敏度天线的记录纸条上出现，这不是偶然发生的现象，也不是仪器发生了毛病，只要射电望远镜指向天空中某一方向时，总会出现这些符号。仔细研究这些符号的记录，发现了一系列的曲线，上面有按照周期出现的高峰和低谷。初步断定，这是来自外太空远处的信号，也可能是由远方恒星世界上的智慧生物向地球等星球发来的呼叫。剑桥大学的科学家们把这些射电源叫作"小绿人"（LGM），所以人们就把这个故事用"小绿人"为题传播开来。这果真是"小绿人"向地球发出的呼叫吗？

半年后，经过精细的测量才发现这些信号的真实意义。天文学家认识到它是一种从未发现的新天体，是宇宙中的一种最奇妙的事物。接着，又发现另外几颗类似的天体，所发信号的精确度可以和精确的天文钟相比拟。这些脉冲的频率，可以慢至 4 秒钟 1 次或者快至 1 秒钟 30 次。这种新天体被叫作脉冲星。剑桥大学的天文工作者因此而获得诺贝尔物理学奖。

有一颗脉冲星是有着特殊意义的。它处于 7000 光年以外的蟹状星云（M1）里，是一团美丽的发光的气体星云，有着纠缠不清的网状纤维，它就是 1054 年（宋代）中国天文学家观测到的超新星爆发后留下的遗迹。它向外膨胀的速度是每秒 1500 千米，目前这团星云的范围大约为 10 光年。这是太阳系外研究得最多和收获最多的天体之一。

早在 20 世纪 30 年代，著名的物理学家奥本海默（后来被称为"原子弹之父"）等人就预言过有一种恒星，质量比太阳大几倍，爆发后可以形成一颗比白矮星还小得多的稳定天体。最后将会成为一种异常致密、直径仅有十几千米的物质团块。巨大的引力可能把原子也压碎了，把原子内的一切空隙都挤掉，剩下的只是核内名叫中子的基本粒子组成的超密物质，由这种物质形成的天体就叫作中子星。中子星一向是理论探讨的题目，可是谁也没有发现过这种天体。

1968 年，在蟹状星云里发现的脉冲星证实了中子星的理论。人们很快就得出结论，脉冲星必然是自转的中子星。只有像中子星那样小的天体，才能每秒钟自转 30 多次，而且不会因离心力而崩溃四散。超新星爆发后才可能产生中子星。中子星的密度远远超过我们的想象，它是水的密度的千万亿倍，在中子星上像乒乓球大小的物质就有 2 亿头大象那么重。

现在已发现的脉冲星已有好几百个，但是没有人能在相距很近的地方去瞭望它们，因为脉冲星所发出的高能粒子的袭击，会把人的性命夺去。

脉冲星虽然奇怪，但它不过是宇宙动物园里新发现的一种"野兽"。还有另一种更小、更致密而且更神秘的天体——黑洞。这也是爱因斯坦广义相对论所预言的最大密度的物质。这种黑洞物质极其强大的引力，使光线也不能从它那里逃逸出去，因而无法被人看到——这就是人力无法探测的宇宙禁区。是不是真有黑洞存在，还需要我们耐心去探索。

有不少人认为天鹅座 X-1 就是一个黑洞，但是确切的答案还有待于未来去揭示。

├ 类星体之谜

类星体是 20 世纪 60 年代天文学上的四大发现之一。这是一种类似恒星，但又不是恒星的天体。它们的特征是在照片上像一个光点，但根据光谱研究，它们又都在几十

亿光年之外，有的甚至达到 100
亿～200 亿光年。它们比恒星大
得多，但比星系又小得多，所以
有了这样的名字：类星体——类
似恒星的天体。现在已经发现了
3000 多个类星体。根据计算，
一般的类星体，1 秒钟发出来的
光和热相当于银河系总能量的
100 倍。一些有强烈的射电辐射
的类星体，1 秒钟发射的射电波
的能量超过银河系的 10 万倍，

类星体

但它的直径还不到 4 光年（银河系的直径为 10 万光年）。
因此，这么小的类星体每秒钟却能放出这么大的能量，这
是一般热核反应理论所解释不了的。

通过观测和计算还知道，类星体以每秒 24 万千米的速
度远离我们，是光速的 80％，这样高的速度也是令人疑惑
不解的。

类星体目前仍然是吸引人们去努力解开的一个宇宙
之谜。

关于类星体到底是银河系内的天体，还是银河系外的
遥远天体，是一个争论的焦点。不过，大多数天文学家认
为它们是银河系外的遥远天体。

├ 1987 年的超新星

中国历史上记载的 1054 年的超新星，后来的遗迹成为今天看到的金牛座蟹状星云，这是天文史上特别引人注目的一件事，所以那颗超新星在世界上被叫作"中国新星"。

超新星的出现是罕见的，特别是出现在离地球较近的太空中。平均在一颗星系中，每 300 多年才可能出现一颗超新星。

1987 年 2 月 24 日，在离地球差不多最近的星系大麦哲伦星云中，出现了一颗超新星，这是将近 400 多年来能够看见的唯一的超新星，所以立刻引起了全世界科学家的注意和重视。超新星现象实际上是宇宙中的一次规模极大的物质爆炸。如果太阳变成一颗超新星，我们地球上的一切就都要化为灰烬，那将是宇宙"开天辟地"以来最大的一次灾难，但是幸亏太阳是一颗中年的稳定恒星，这已是天文学家研究肯定了的，我们根本用不着为这事担忧。然而，超新星爆发的现象却给科学研究带来了极好的机会，因为这种规模巨大的物质变异是地球上的物理实验室中绝对无法达到的境界。

设在南半球的大天文台都集中注意力对这颗超新星进行观测，飞翔在地球上空的紫外天文卫星和 X 射线天文卫星也立刻跟踪探测这一罕见的天文现象。

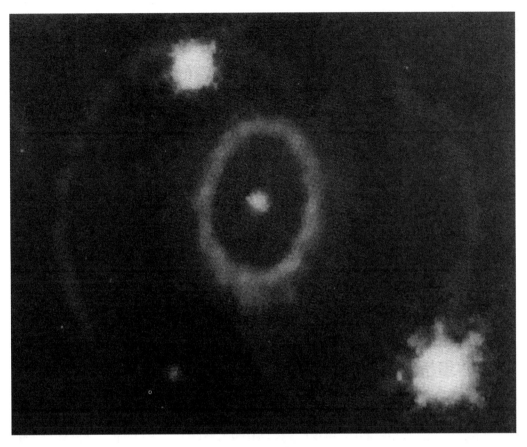

1987 年超新星的气环

超新星现象是恒星世界中最激烈的、灾变性的爆发。星的亮度会激增到 17 星等以上，光度达到 1000 万个，甚至 100 亿个太阳的光度。爆发以后，大部分恒星物质抛撒在星际空间成为超新星遗迹，也可能因为恒星内核收缩而成致密的中子星。

在超新星爆发过程中，还需要观测中微子。中微子是一种微弱的相互作用的基本粒子，它有很强的穿透本领。即使是在星体核心产生的中微子，也可能穿透到星体之外。这些中微子带着恒星核心的信息跑到宇宙空间，也有的来到了地球上。超新星爆发时就会有中微子发射出来。在这次超新星事件中，地球人的身上都有很多中微子穿过，不过它们的作用太微弱，除非用极为灵敏的探测器，才能感受到这些中微子的到来。据报道，地球上的一些观测台站一共只观测到 27 个中微子，它们是人类首次接收到的直接来自超新星爆发中的中微子，太阳系外的中微子天文学从此诞生了。

1987 年超新星所带来的信息，还需要进行若干年的研究。

├─ 宇宙大爆炸的余波

根据观测发现，有许多宇宙现象除了宇宙大爆炸的学说以外是解释不通的。当然也有人反对这种提法。不管怎样，这是一家之说，既不能完全相信，也不能轻易否定。

据说，大约在 150 亿年前，宇宙间轰隆一声巨响之后，一切物质就运动着、变化着，一直到今天我们看到的宇宙景象。这就是宇宙大爆炸以后，物质世界经历着由热到冷、从密集到稀疏的过程。

谁看见过这场伟大到不能再伟大、惊险到不能再惊险的宇宙大爆炸呢？当然谁也没有见过。然而现在观测到的许多现象，使人追溯到远古的时代，认为那必然是一场宇宙大爆炸引起的。要不然为什么许多星系远离我们而去，形成了宇宙膨胀的现象？还有从射电望远镜的观测中，发现有一种永远消除不掉的噪音，据研究认为，这是宇宙大爆炸后留下的余波，极其微弱地在宇宙间荡漾着……

美国贝尔电话实验室的央斯基，在20世纪30年代促进了射电天文学的诞生。30多年后，这个实验室的科学家为了改进"回声"和"电星"两颗通讯卫星的通讯技术，又获得了一项重大的发现——宇宙微波背景辐射。他们为了查明天空的各种微波噪声，制作了精巧的仪器。1964年，他们发现在7.3厘米的微波波段有绝对温度6.7K（K指绝对温标）的微波噪声，在消除了大气吸收和机械与地面杂音的影响之后，还有3.5K的噪声找不出消除的理由。它们是从哪里来的呢？

后来，在普林斯顿大学物理系的协作下，终于证明了这种3K宇宙背景辐射确实存在。这是由于宇宙大爆炸理论引起的一种设想，那就是：我们现在看到的宇宙，是在一次宇宙大爆炸中形成的。最早期的"原始火球"在大爆炸中开始膨胀，物质在膨胀的过程中逐渐散热冷却，而辐射波也慢慢冷了下来，波长逐渐变为微波波段，到了现在只有相当于0～10K之间的背景辐射弥漫在宇宙间。

宇宙前景辐射的发现对现代宇宙学有着深远的影响。它为大爆炸宇宙学说提供了观测的依据，所以瑞典科学院在向这一工作的主持人彭齐亚斯和威尔逊颁发1978年诺贝尔物理学奖时指出，这一发现"是一项带有根本意义的发现。它使我们能够获得很久以前，在宇宙的创生时期所发生的宇宙过程的信息"。

（以上几篇原载《天文探奇记》，新蕾出版社，1989 年）

┣ 大破"行星十字阵"

坏书泛滥　谣言四起

近 10 年来，由于市面上出现了一些坏书且泛滥成灾，一时谣言四起，说什么 1999 年是人类在劫难逃的一年，是人类的世界末日，等等。这些坏书大多是从外国翻译来的，都是打着"预言"的幌子危言耸听，唯恐天下不乱。真不知这些翻译家和出版者居心何在！关于 1999 年人类大劫难的书就有不下 10 种，其中危害特别重大的两种都是从日本五岛勉这个二道贩子那里转译的。一种是《诺查丹玛斯大预言》，另一种是《恐怖大预言——1999 人类大劫难》。这些书都在宣传一个骗人的谣言（所谓"预言"），那就是人类在 1999 年将面临一场在劫难逃的大难，世界的末日到了。这些骗人谎言四处流传，甚至有些人为此到处招摇撞骗，下面的一则新闻报道的就是一个真实的事例。

1996 年 1 月 25 日《北京晚报》刊登了一条通讯，标题是《广西取缔一非法宗教组织》，副标题是"煽动'1999年人类有大劫难'"。下面摘录通讯中的两段：

最近，广西东兰县取缔了一个活动在该县四合乡巴汪村的非法民间宗教组织。

去年农历十一月，两名身份不明的女青年窜到该县巴汪村进行非法宗教活动。她们宣传所谓的 10 条戒令，还公开煽动："1999 年人类有大灾难，唯有参加耶稣基督教者，到时自有神救免灾。"在她们的蛊惑下，这个村的农民、学生，甚至一些党员干部共 30 多人加入了非法组织，经常定期集中学教，不仅严重扭曲人们的灵魂，而且致使不少家庭感情破裂，在群众中产生极坏的影响。

上面的这一则报道，说明谎言骗术已经造成多么严重的后果。这仅仅是众多案例中的一件，在我国广阔的土地上，在亿万群众中还不知有多少人上当受骗。上面事例中的两个女青年是假借宗教名义，披着宗教外衣，从事非法活动并从中骗人钱财，当然应该取缔。

为什么有人会把骗术当真，相信那些谣言鬼话？我们认为，由于一些群众缺少科学知识，缺乏辨别是非的能力，因而受骗上当。我们要揭穿这些骗局，必须用科学的知识来驳倒那些迷信邪说，让受骗者醒悟，让尚未受骗者提高警惕，擦亮眼睛，使骗子再不能得逞。

由日本五岛勉贩卖的这些所谓"1999 年人类面临的世

界大劫难"的核心问题和基础就是所谓的日月行星"大十字"。也就是说，1999年8月18日，太阳、月亮和九大行星在天空中排列成一个大十字，这个十字就给人类带来了世界末日的灾难。这个"大十字"到底是什么？当真它会给我们带来大灾难吗？

地球在宇宙间

地球是我们人类的家园，是太阳系九大行星（编辑注：今为八大行星）中的一个。大约在50亿年前，太阳在银河系中诞生了，它是银河系中大约2000亿个恒星之一。太阳形成后，在太阳周围的许多气体尘埃物质被巨大的太阳吸引，围着太阳旋转，就成为一个个物质团，这些物质团除了绕太阳运行之外，还有自转，逐渐形成了行星和绕行星旋转的卫星，地球就是在大约46亿年前形成的。这些都是天文学家和地球科学家多少年来研究的成果。地球在46亿年前的漫长岁月中经过了翻天覆地的变化。在地球的"婴儿时代"，遍地火山爆发，到处是炽热的岩浆，常常有流星的冲击。到了地球的"儿童时代"，地球上没完没了的倾盆大雨，形成了大陆海洋与江河湖泊，大气也渐渐形成，雷鸣闪电布满全球。在这些剧烈的变动中，最初的有机分子诞生了，生命在海洋中出现了，这大约是30多亿年前的事。

接着地球进展到"少年时代"，生物大大发展，从海洋到陆地，动物和植物大量出现。大约2.2亿多年前，恐龙登场，它们统治地球约长达 1.6 亿年之久，6500 万年前一场巨大的天灾忽然降临，使恐龙和很多生物灭绝了。这以后就开始了哺乳动物大量繁殖的时代。人类是在大约 300 万年前，逐渐通过从猿到人的阶段而发展起来的，"北京人"的发现也证明了这一点。

大约 1 万多年前，人类开始游牧和耕种，渐渐发展了文明生产。人类历史中有文字记载的不过五六千年。自有人类以来的二三百万年，可以看作是地球的"青年时代"。这时地球除了一些火山、地震、暴风雨等自然活动（也只是局部的）外，整个地球处于平稳的繁荣时期，怎么会有什么世界末日的大劫难呢？当然也不会发生什么地球大爆炸。地球在自己的轨道上不分昼夜地公转和自转着，并与它周围的日月星球保持着相对稳定的状态。

东拼西凑的"大十字"

五岛勉根据诺查丹玛斯在《诸世纪》一书中的一首诗，考证出 1999 年 8 月 18 日"恐怖大十字"将会使地球人类遭遇大劫难，面临世界末日。这首诗中说 1999 年 8 月，恐怖大王从天而降，不仅指外星球来碰撞地球，甚至有外星人来侵犯地球等。

这"恐怖大十字"是什么呢？请看五岛勉书中对"大十字"的描述。如下页图中所显示的那样，1999 年 8 月 18 日，日月行星将运行成一个十字形。说实在的，他书中的这个"大十字"图形是不可能出现的。不论是平面的或立体的，不可能组成这样的图形：因为这些天体之间相距何止十万八千里？它们并不在一个平面上，也构不成一个很对称、很规则的十字图形。因此这是一个东拼西凑的"大十字"。为什么说要发生大劫难呢？五岛勉认为，日月行星对地球产生强大引力作用，使地球发生巨变，遭受灾难。据五岛勉的说法，这些灾难也可能是来自地球之外的彗星、小行星的撞击，也说不定有外星人来侵犯……暂且不管这些骇人听闻的胡说，现在单就"大十字"来分析一下。

太阳是太阳系的中心，它的体积是地球的 130 万倍，质量大约是地球的 33 万倍。也就是说，如果有一个巨大的天平，一边放上太阳，另一边就要放上 33 万多个地球才能达到平衡。太阳的巨大质量是太阳系中其他天体（行星、卫星、彗星、流星体等）质量总和的 745 倍，这就明显看出，太阳对地球的吸引力远远超过其他行星对地球的吸引力。

因此，太阳对地球的吸引力和影响有着绝对的优势。五岛勉曾经认为过去曾发生过的所谓"九星联珠"，

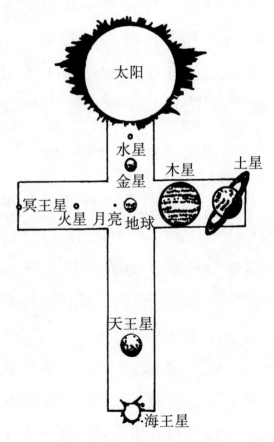

五岛勉为"大十字"画的示意图

就是这次地球大灾难的不祥前兆。这也是站不住脚的。"九星联珠"是太阳和九大行星排列成纵队，相聚在一条直线上，八大行星对地球的吸引力仍然是极小的。事实已经证明，过去的"九星联珠"并未对地球产生过不利影响，它不能对地球形成任何威胁。还是那句话，对地球影响最大的是太阳，只要太阳和过去一样，保持稳定不变，地球就平安无事。天文学的研究告诉我们，太阳在未来的 50 亿年中都不会发生大变化，它是一颗非常稳定的恒星。至于别的天体，如彗星、小行星对地球的碰撞的可能性是极小的，6500 万年前可能有一颗小行星碰撞地球而使恐龙绝灭。根据专家的研究，这样的情形在 1 亿年中才可能出现一次。何况万一有近地小行星飞近地球，人类也可以用高科技手段去迎击和粉碎它。

星座不会带来灾难

五岛勉为了强调所谓的"大十字"灾难，还特意画了一张有星座在内的"大十字"图形。他把 1999 年 8 月 18 日日月行星在天空的方向和相对应的星座画出来，有狮子座、金牛座、宝瓶座、天蝎座，并且说这些天界的"动物"将会给人类带来灾难。但遗憾的是，这些"动物"在天空中根本不存在，它们怎么会来到地球上兴妖作怪呢？

古人为了便于认识星空和欣赏星空的美景，把天上的亮星连接成各种假想的图形，有的还和神话故事编织成天空中美妙的诗篇。实际上，这些星星都不是彼此有联系的实体，它们都是虚构的图案。例如，组成狮子星座的几颗亮星，它们和地球的实际距离分别是 43 光年、82 光年、84 光年、90 光年、160 光年、340 光年、1900 光年等。你知道 1 光年是多少吗？1 光年就是光走 1 年的距离。光速每秒钟 30 万千米（可绕地球 7 圈半），在 1 年中大约可走过 10 万亿千米。你想这些星球和我们的距离有多远，它们彼此的距离又是那么遥远，怎么会给地球带来灾难呢？

前面已经说过，宇宙间对地球影响最大的就是太阳，光从太阳来到地球只要 8 分 19 秒钟（1.5 亿千米），这样就可以想象那些组成星座图案的恒星，比太阳要远上几百万倍、几千万倍，它们对地球的引力作用可以说是太微不足道。我们可以有千万条理由认为，五岛勉说天上的"狮子""金牛""天蝎"会来侵犯地球，这完全是信口开河，是扰乱人心的骗人鬼话。

实际上，每年 8 月前后天空中都有一个可爱的"大十字"，那就是十字形的天鹅星座，姿态优美、故事有趣，它在夏夜星空中熠熠生辉，给乘凉的人们带来许多乐趣。

让科学光芒照耀大地

我们从多方面揭穿了所谓要给地球带来 1999 年人类大劫难的"行星十字阵"。如果你相信科学，有一定的科学知识和科学素养，就不会相信什么大预言之类的骗局了。通过几个回合较量，那"行星十字阵"已经败下阵来，原形毕露。8 月 18 日就在眼前，我们坚信，迎接我们的不是什么大劫难，而是每天从东方升起的光辉的太阳。但是，总有那么一些人用各种手段，从不同领域用迷信邪说来毒害人们，破坏人们的幸福生活。只有崇尚科学、破除迷信、科教兴国才是我们的正确方向。

（原载 1999 年 8 月 8 日《大众科技报》，曾获 1999 年首届中国科技新闻奖）

▨ 迷人的星空

├─ 星座的艺术

　　星座的设立和区分对天文学的发展有着历史的和现实的意义。星座虽然是伴随着神话传说而诞生的，但是它们的名称和区域一直保留到现在，而且进入了现代天文学的天体物理学、射电天文学等领域，例如，"1975 年天鹅座新星的光谱研究""半人马座 A 的光学与射电图像对比和分析"等。然而星座和星座的艺术，早已跨出了天文学的疆界而成为人类文化艺术的一部分，广泛地渗透在文化艺术的活动中。对于天文爱好者，星座的艺术具有极大的魅力，它吸引你接近星空、认识星座，进而更广泛地去学习天文知识。因此，星座的艺术是值得探讨的课题。

　　现代国际上通用的星座共 88 个，它们的名称和图形大多是根据古代希腊和罗马的神话故事编织而成，使本来就灿烂美丽的星空更是锦上添花。假使没有星座的区分，而是把整个星空分成 100 个天区，整整齐齐地加以排列，把星的名字都按号码一一编号，这在学术研究上可能更加便利，但是对于富有诗意般的星空来说，那未免太单调乏味了。

幸而这座全球万民共享的星空殿堂经过上千年的经营建造，才成为今天的星座世界。能工巧匠们以明亮的恒星为背景，根据民间的传说，把它们绘制成了许多生动有趣的图形。每个星座都各有各的位置、故事和图形，互不侵犯，共享天堂之乐，并且给地球上的人们带来欣赏星座的无穷乐趣。

现在通用的这些星座能千年流传，并为全世界接受共用的原因，可能是因为它的趣味性、通俗性和艺术性。

希腊、罗马神话故事，早就是脍炙人口、广为流传的文化遗产。其情节之动人，构思之巧妙，形象之优美早已举世公认。把它们和星空编织在一起，自然趣味隽永，引人入胜。至于它的通俗性，则表现在这些图形、故事都是和人们日常生活所接近和易于了解的。再加上有些星座相互关联，例如王族星座（仙王、仙后、仙女、英仙、飞马、鲸鱼等）、大熊和小熊、牧夫和猎犬、猎户和金牛、长蛇与乌鸦、巨爵、巨蛇和蛇夫、天琴与天鹅、南船诸座、天蝎与人马等，都是便于联想、容易记忆的。

星座的艺术性使星座的内容得到优美的艺术表现，提高了人们对星座欣赏的兴趣。形象化的东西总是易于为人们所理解而达到推广和普及的效果。

星座艺术经过长期流传之后，经过几位大师之手，使其定型，为古典星座图形塑造了典型，成为后世依据的范

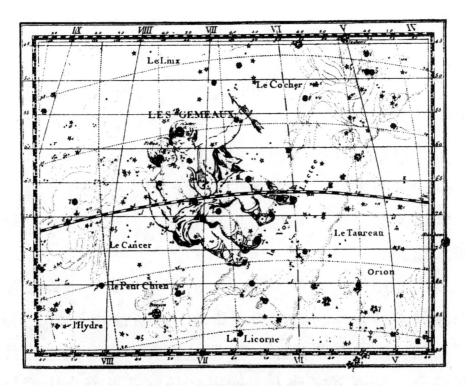

双子星座（选自弗兰姆斯蒂德星图）

本。著名的古典星图有下列几种：1603 年出版的德国巴耶尔星图，共有图 51 幅；1690 年出版的波兰赫维留星图，共有图 54 幅；1729 年出版的英国弗兰姆斯蒂德星图，共有图 29 幅；1801 年出版的德国波德星图。

这些星图都依照各人测算的星表绘成，星座图形非常艺术。这些星座图形大体上是相同的，但又各有技巧和风格，成为星空画廊中的一幅幅精美之作。

双子星座是一对友爱的兄弟，他们是英雄伊阿宋等乘阿尔戈船（以前的南船座）前往取金羊毛的成员，因为有生死与共的深厚感情，所以升天成为星座。星图中双子的形象用实线画出，附近的星座都用虚线陪衬。

猎户座是全天最美丽耀眼的星座，他正在手举狮皮迎击向他冲来的金牛。金牛星座中有著名的一小团星，叫作昴星团，也叫七姊妹星团。有一种传说，金牛是天神朱庇特变成的一头牛，他拐骗少女欧罗巴（欧洲名称的来源）骑在牛背渡过大海。说来很巧，1989 年，木星（外文名称就是朱庇特）正在金牛星座中，联想起有关的神话故事，便觉得增添了无穷的趣味。

这些星座在 1 月份、2 月份的夜空里都很容易看到，它们都在正南或天顶附近的位置。

在我国南方地区还能在猎户座下面的正南地平附近看到船帆、船尾和船底几个星座，它们组成南船座，就是神话中前往取金羊毛的阿尔戈船，船头上还刻有一个都都那的雕像，他可以在航海中发出号令引导航行，避过灾难。

（原载《天文爱好者》1989 年第 1 期）

├ 星座史话

星空，是展现在我们面前的一本大书，天文学的历史就是"人类翻阅这本大书"的历史。这本大书的第一页就是星座，它是群星的组合。星座的建立使天文学增添了诗意和美感，使星空艺术化了。

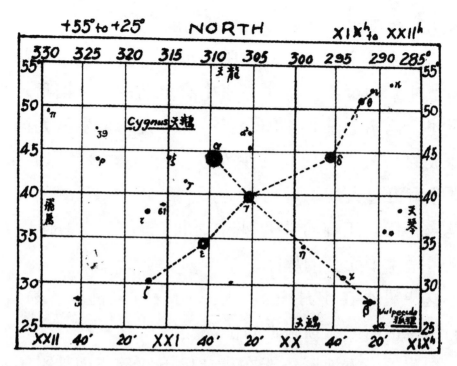

李元 18 岁时手绘的星图（天鹅座）

最早的星座

星座的历史已有几千年，不同的民族和地区，有自己的星座区分和传说。中国把星空分成三垣二十八宿，不少星宿带有封建王朝的色彩。现在国际通用的 88 个星座是起源于古代的巴比伦和希腊，这些星座的命名多取自大自然中的动物或人物的活动，比较接近一般人的生活和情趣，所以也容易被接受和传播。

大约在 3000 多年前，巴比伦人为了观察行星在星空背景上的移动，所以开始先注意的是黄道附近的一些星的形状，又根据它们的形状起了名字，如狮子、天蝎、金牛等星座，这就是最早诞生的一些星座，更古老的星座发源史就无从查考了。后来由于对行星的长期观测，就逐渐完成了黄道12星座的建立，也有人把它们叫作动物圈或兽带。黄道12星座的名称是：白羊、金牛、双子、巨蟹、狮子、室女、天秤、天蝎、人马、摩羯、宝瓶、双鱼。

后来，巴比伦人的星座划分传到希腊，这以后星座的划分就更加完善了。

古希腊的星座

古希腊著名的盲人歌手荷马的史诗中就提到过许多星座的名称，那是在大约公元前900年，因此这些星座的起源更早，这些都可以看做是星座开始传入古希腊的史实。

大约在公元前600—前500年，在古希腊的文学历史著作中，已经出现了摩羯、猎户、小羊（御夫座九星附近的小三角形），也讲到过七姊妹星团（昴星团）等方面的故事传说。至于那些明亮的星座：天琴、天鹅、北冕、飞马、大犬、天鹰等星座也都出现在有关的作品中。

公元前270年的古希腊诗人阿拉托斯的诗篇中保存和流传了大约44个星座的名称，把它们分成三区。

北天19星座：小熊、大熊、牧夫、天龙、仙王、仙后、仙女、英仙、三角、飞马、海豚、御夫、武仙、天琴、天鹅、天鹰、天箭、北冕、蛇夫。

黄道带13星座，比以前多了一个螯。

南天12星座：猎户、犬、兔、波江、鲸鱼、南船、南鱼、天坛、半人马、长蛇、巨爵、乌鸦。其中的犬可能是指大犬，兔可能指天兔。

据说在英国不列颠博物馆中，还藏有阿拉托斯的诗歌的译文手稿，还附有手描的星图，绘有星座图形，约有 40 多座。不过从图上来看，像是后人所作，因为还画着黄道坐标的经纬度网。星座传至托勒密的《天文集》中，共有 48 个星座，是搜集了过去依巴谷对星座的描绘与星表的编制。那时是公元 2 世纪的时候。

古希腊的星座和优美的古希腊神话编织在一起，其想象力的高超和技巧之美妙，使星座成为久传不朽的宇宙艺术。这样的星座设想一直流传达 1400 多年之久，直到公元 17 世纪，星座才又有所发展。

星座的增多

到 17 世纪时，由于航海事业的发展，人们开始去注意南天的星座，因此在托勒密的星座之外，又逐步增加了许多星座，共有 37 个，它们由下面的这些星座组成：巴耶尔星座 12 个（1603 年）、第谷星座 1 个（1610 年）、巴尔秋斯星座 4 个（1690 年）、赫维留斯星座 7 个（1690 年）、拉卡耶星座 13 个（1752 年）。上面说到的德国巴耶尔的 12 个星座是：蜜蜂（现为苍蝇座）、天鸟（现为天燕座）、蝘蜓、剑鱼、天鹤、水蛇、印第安、孔雀、凤凰、飞鱼、杜鹃、南三角，这些都是他根据航海家的南半球航海记录，补充的南半球可以看见的星座。巴耶尔在 1603 年出版的恒星图表，有精美星图 51 页，世界闻名，其中的星座图形极为生动。波兰的赫维留斯的星图是在 1690 年出版的，绘制也极为精美。在拉卡耶的 13 个星座中有玉夫、天炉、时钟、雕具、绘架、唧筒、南极、圆规、矩尺、望远镜、显微镜、山案、罗盘。他把一些近代的科学仪器引进到星座中来，打破了过去神话传统式的星座区分。

早期的南船星座因为范围太大，后来又分为船底、船尾和船帆等星座。

用希腊字母命名恒星是巴耶尔创始的。用阿拉伯数字给恒星命名是弗兰姆斯蒂德创始的。1928 年，国际天文学联合会正式公布了通用的星座共有 88 个（北天 28 座、黄

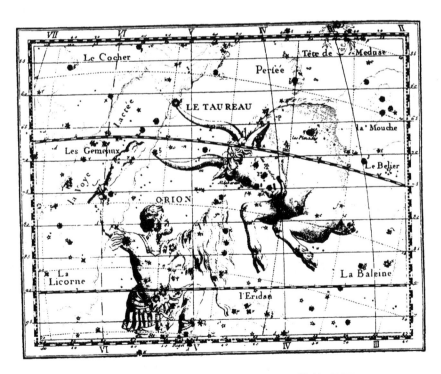

猎户座和金牛座（选自弗兰姆斯蒂德星图）

道 12 座、南天 48 座）。

弗兰姆斯蒂德等人虽然绘制了星座界线，但这种界线是没有规律可循的，很不科学，容易引起恒星和别的天体位置上的混淆。1841 年，赫歇耳提出星座界线以赤经和赤纬来划分，但这个设想一直到 1928 年才由国际天文学联合会明令公布了"星座的科学划分"。

（原载于《天文爱好者》1989 年第 3 期）

├ 星座与文化

不少人认为认识星座只是天文学家的事，不敢问津，实际上并不是这样的。星座是那样美丽有趣，人人都可以接近星座，都可以有欣赏星座的爱好。星座名称、星座图形、星座故事、星座知识已广泛渗入到文化生活的各个方面。

星座象征世界

20 世纪 20 年代，在日内瓦建立的国际联盟大厦（现名万国宫）的广场上，建造了一座巨大的金属天球模型，球面上布满了空心雕刻的古典星座造型，十分精美。这个用星座图形组成的天球模型是地球万国的象征，是宇宙的象征。类似的巨大天球模型，在 1939 年又出现在纽约万国博览会等处。

星座在国旗上

位于大洋洲的澳大利亚、新西兰、巴布亚新几内亚和西萨摩亚等国都在南半球，这些国家都把南天最引人注目的南十字星座图案绘入国旗，以显示它们的地理位置和星空特征。巴西国旗上明确地绘制出天球和天球赤道以南的众星。美国最北端的阿拉斯加州，把大熊星座的北斗七星以及小熊星座中的北极星绘在州旗上也是很自然的事，因为这两个星座是北极圈地区最显著的星象。这些都说明了星座与人们的生活何等密切。

星座在邮票里

星座图案也出现在许多国家的邮票里，飞向世界各地，进入千家万户。

星座邮票

在一些天文馆和天文台的纪念邮票中，可以找到星座的美丽图形。1958 年发行的北京天文馆邮票中，在 20 分面值的人造星空邮票上绘入了北海白塔和北斗七星相互辉映的图案。1952 年在日本为纪念加入万国邮联 75 周年的两枚纪念邮票中，一枚是地球和北斗七星，另一枚是海船与南十字星座，象征海南天北书信传遍全球。这两枚邮票不论是图案还是构思，都是十分出色的。1978年日本东京天文台100周年纪念邮票中，一架大望远镜指向壮丽的猎户星座，是天文邮票中的佳作。瑞士邮票上的飞马星座十分生动，这是为了纪念瑞士卢塞恩天文馆的建立而印制的。

在有的航空邮票上，夜航的飞机飞行在有大熊座和小熊座的星空中。

非洲博茨瓦纳发行了一套4张的星座邮票：猎户座、天蝎座、半人马座、南十字星座。

西班牙、瑞士、以色列、马尔代夫、马里、圣马利诺等国都先后发行过黄道12宫星座邮票。其中圣马利诺的黄道12宫星座邮票12张，把星座图案与星座中的恒星互相吻合，十分优美。在邮票中出现最多的就是北斗七星和南十字星座以及黄道星座，总数在百种以上。

星座在文艺作品中

星座广泛地出现在古今中外的文艺作品中。

苏东坡在《夜行观星》诗中写道："天高夜气寒，列宿森就位。大星光相射，小星闹如沸。"诗中的列宿就是星座的意思。在他的《前赤壁赋》中，也有描述星座的名句："月出于东山之上，徘徊于斗牛之间。"斗就是南斗，是人马星座中的南斗六星；牛是牛宿（不是牛郎星），也就是摩羯星座，这是两个黄道星座，月亮从它们之间穿行是当然的事，而苏东坡却如此生动而真实地描写了出来。

王勃的《滕王阁序》开头就这样写道："南昌故郡，洪都新府，星分翼轸，地接衡庐……"其中的翼轸是我国二十八宿中的两个星宿。翼宿相当于巨爵星座，轸宿相当于乌鸦星座。

杜牧的《秋夕》名诗是这样形象地描述牵牛（牵牛即牛郎星，属天鹰星座）和织女星（属天琴星座）的："银烛秋光冷画屏，轻罗小扇扑流萤。天阶夜色凉如水，坐看牵牛织女星。"

在外国的许多文艺作品中也有不少描述星座的篇章。许多星座神话被反映在美术作品中，如《酒神巴卡斯》中的北冕星座就是最明显的。著名画家凡·高在 19 世纪 80 年代所创作的几幅描绘夜空的画中，有一幅就清楚地把北斗七星绘在画布上。德国近代插图画家克兰兹的几幅描述星空的画，被编入许多天文图书中。

现代彩色摄影所反映的星空与星座，更是逼真、壮丽。日本著名天体摄影家藤井旭的星座摄影非常成功，不久前他把许多星空照片和已故的日本著名文学家宫泽贤治描述星空的文学作品结合在一起，出版了一本《星之图志》（1988 年），是星座照片与星座文学的佳作。日本已故的星座专家野尻抱影是把文学和星座融为一体的大师，一生创作星座图书七八十本，对普及星座文学贡献极大。

在音乐方面，德国作曲家奥芬巴赫的《天堂与地狱》

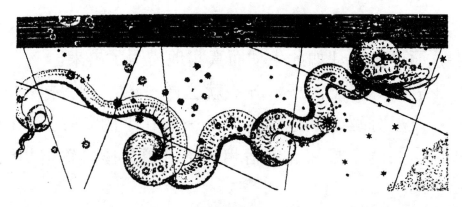

长蛇星座

（或《奥菲欧在地狱》）就是描述天琴座故事的。

星座也表现在建筑艺术中，如天文台、天文馆和科技馆、博物馆等处。日本仙台市在新建的地下铁道的大厅顶壁上就是用古典星座图案描绘的，被称作"星座画廊"，使来来往往的地铁乘客穿行于"星座"之下，无形中就欣赏了星座之美。

现代城市居民看星的机会大多被云遮雾罩的污染了的天空剥夺了。自从天象仪被制造出来以后，它可以把灿烂的星空十分逼真地展现出来。人们在天文馆里可以看到任何地方与任何季节夜空的星座。这不但是一种有益的文化科学活动，而且可以给人们带来高尚的生活情趣，还可以开阔人们的眼界，获得有用的科学知识。

（原载于《天文爱好者》1989 年第 7 期）

时间是怎样划分的

├─ 时间是怎样划分的

我们在生活中，不论是学习还是工作，都离不开时间。但是你知道时间是怎样划分的吗？

时间有长短之分。长的有年、月、日，短的有时、分、秒。1 年分 12 个月，1 个月有 30 天左右，1 天分 24 小时，1 小时又分为 60 分钟，1 分钟又分为 60 秒钟，这些是人们都知道的，但是你知道它们的来历吗？你知道它们的规律吗？了解它们的来历，运用它们的规律，是十分重要的。首先还要从我们的地球谈起。

我们大家都住在地球上。地球有赤道，还有北极和南极。地球中腰的大圈叫赤道，绕赤道转一圈大约为 4 万千米。

我们把一个圆周分成 360°，赤道一周就有 360°。通过地球的南北极也可以画出一个大圆圈，这个大圆圈也有 360°。

假想在地球的中心有一条直线连接地球的北极和南极，

这就是地轴。地球就是从西向东绕着地轴转动的，这叫作地球的自转，自转一圈就是一日。

经度和纬度

在地球上想要标明一个地方的位置，而且是非常准确的位置，就和剧场中排座位的方法差不多。在地球上标明一个地点的位置要用经度和纬度来表示，例如，北京在地球上的大概位置是：东经116°，北纬40°。那么经度和纬度又是怎样测定出来的？它们的零度在哪里？从哪里开始计算呢？这还要接着我们前面说的地球的赤道和北极、南极说下去。

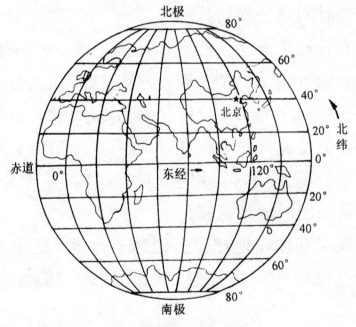

北京在地球上的位置

根据历史情况和国际规定，地球上的经度是从英国伦敦的格林尼治天文台算起的。经过格林尼治天文台的经度圈（就是穿过地球北极和南极在地球球面上画出来的大圆圈）定作经度0°，从那里往东分180°，往西也分180°，合起来不就是360°吗？东经180°和西经180°在太平洋中相会在一起（这一条经度圈叫作国际日期变更线）。经度只表示在地球东西方向的位置。

我们再说怎样定南北方向的位置。纬度就表示南北方向的位置，它从地球的赤道算起，赤道的纬度就是0°。从赤道向北一直到北极，分为90°；向南一直到南极也分为90°。北极那一点的纬度是北纬90°；南极那一点的纬度是南纬90°。这样既有了表示地球上东西方向位置的经度，又有了表示地球上南北方向位置的纬度，一个地点在地球上的位置就能准确地表示出来，这不是很方便、很科学吗？当然再细分起来，不论是经度还是纬度，每1°还分为60′，每1′又分为60″。

年、月、日的由来

地球是绕着地轴从西往东自转的。

地球自转一周就是一日，一日有24小时。因为地球往东转，所以东边地方的人们先看到太阳升起来，东边的地方比西边的地方天先亮，所以在地球上经度不相同（也就是东西位置不相同）的地方，时间也不相同，所用的时间早晚也不一样。例如，日本的东京在北京的东南，东京时间就比北京时间早，如果早上6时东京看到日出，那时北京时间才5时，等北京时间6时看到太阳升起来时，东京时间已经是 7 时，太阳升起来已经 1 个小时了。

除了自转以外，地球还绕着太阳转圈，这叫公转。地球公转一圈就是一年。一年是 365 天多。一年又分为 12 个月，每个月又分为大约 30 日（有的月份日数比这多，有的少些）。

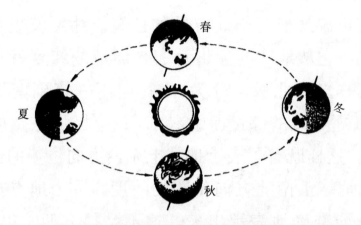

地球公转与四季成因示意图

靠了太阳的光亮才把地球照亮，这样才有了白天和黑夜。在地球绕太阳的公转中，由于太阳光照射地球的角度有变化，也就是太阳光照射地球的高低斜直有变化，所以才形成了春、夏、秋、冬四季。把四季再细分，就有了二十四节气。四季和二十四节气在农业生产上非常重要。农业生产是按照节气的规律来安排的。

另外，我们知道天空中最明亮的是太阳，除了太阳以外，就数月亮了。月亮是绕着地球转的，它是地球的卫星。月亮和地球一样，自己也不发光，是太阳照在它上面反射出来的光亮。月亮绕地球转一圈要 27 天半，月亮在绕地球旋转时，它被太阳照亮的那面并不总是全对着地球，所以从地球上看去，月亮就有了圆缺的变化。这圆缺变化一周的时间要 29 天半。按照月亮圆缺计算日期的就是我们平常说的农历或阴历。反过来说，按照太阳在天空中的位置（这是地球公转的缘故）来计算日期的，就是我们平常所说的阳历或公历。

这样看来，我们用的日历与太阳、月亮、地球的运转规律有着密切的联系。实际上，钟表上的时间、日历上的日期应该看作是天文现象的记录和反映。

简要地回顾一下上面谈到的问题，就是：

我们居住的地球是一个圆球。

地球的赤道有 4 万千米长，把它分为 360°。表示地球上某一地点的东西方向位置的经度是从英国伦敦格林尼治天文台算起，东西各有 180°。

地球是从西往东绕地轴自转的，地轴是通过地球北极和南极的一根假想轴。表示地球上某地的南北方向位置的纬度是从赤道算起的，从赤道到北极有 90°，叫作北纬；赤道到南极也有 90°，叫作南纬。

地球自转一周就是一日。

地球绕太阳公转一周所用的时间就是一年。一年中分春、夏、秋、冬四季，又可细分为二十四节气。此外，月亮绕地球一周就是一个月。

有了地球的运动才有了年、月、日和时、分、秒；有了月亮的运动和圆缺变化，才有了阴历中的初一、十五、上弦、下弦、朔和望等。这些是构成历法的基础。历法就是日历的法规，也就是太阳、地球、月亮运动规律在我们生活中的应用。

地方时和标准时

如果你用观测太阳影子的长短来对准你表上的时间，你就会发现，太阳影子最短的时候不一定是中午 12 时。因为你在中午用最短日影对准的时间，往往和电台播发的中午 12 时不完全对，而且有时差别很大。这又是什么原因呢？这就要知道什么是地方时间，什么是标准时间。

地球从西往东自转，所以东面地方的时间比西面的早。从地理经度上说，每偏东 15°，时间就早 1 小时；每偏东 1°，时间就早 4 分钟。为什么呢？因为地球每 24 小时自转 1 周，1 个圆周是 360°，它的 1/24 不就是 15° 吗？1 小时相差 15°，每 1° 不就是 4 分钟吗？

按照当地太阳影子测定的时间叫作"地方时"，这种时间只适合本地区使用。但是地球上各个地方，有的在东，有的在西，如果都用地方时，那么就非常混乱了。比如，按照地方时来比较的话，你就看得出各地方时间之间的差别：

```
北京  地方时    7 时 46 分
上海  地方时    8 时 06 分（比北京早 20 分）
天津  地方时    7 时 49 分（比北京早 3 分）
```

南京　地方时　　7 时 55 分（比北京早 9 分）

　　从上面的对比中可以看出各地方时间有早有晚，这对于交通发达、往来频繁的现代社会是太不方便了，因此就有了"标准时"的出现。

　　标准时间就是地区不分东西都按照一个地方的时间为标准，这样使用起来就方便多了。比如说，我国是一个面积很大的国家，现在都以"北京时间"为标准时，电台广播的"现在是北京时间×点整"就是全国通用的标准时间。

　　但是在北京的人又会发现，如果把太阳影子最短的时刻定作中午 12 点钟，还是和电台里的北京时间不一样，这又是怎么回事呢？这就是因为北京时间是标准时，它不是地方时。北京时间（标准时）是按照东经 120° 的时间为标准的，它在英国伦敦格林尼治天文台西面 120°，比伦敦时间（世界时）早 8 小时，所以也是东 8 区的区时，全地球共有 24 个时区，所以每隔经度 15°，就有一个标准时，也叫区时。如果在世界时（世界公认的标准时，也就是伦敦时间）0 时，北京时间就是 8 时，而北京时间（标准时）比北京的地方时早 14 分钟。

　　在地球上，国际通用的时间是世界时，也叫格林尼治时间，就是比北京时间晚 8 小时的时间。比如世界上发生了某件重大的事情，常常说发生在当地时间几点几分。

├─ 日历是怎样编制的

可以想一想，如果世界上没有日历，那可就麻烦了。

日历是大家使用的，所以不是什么人、什么地方、什么单位可以随便编印的。人们需要一种普遍可用的日历，这种日历走遍天下都能用，否则一定会引起社会的混乱。

制造日历的工厂

现在到处都可以买到日历、月历、万年历。人们从日历上可以找到年、月、日、星期，而且有公历、农历，还有二十四节气等，有的历书上还有日食和月食的预报。有了通用的日历，人类社会才能有秩序地活动和发展。

谁是制作日历的人呢？

真正制造日历的还是自然界，因为是要进行天文观测、研究和计算，才能编出准确的日历。

我国古代很早就通过天文观测来编制日历了。编算日历的科学规律叫作历法。我国古代历法留传到现在的大约是两千多年以前就已经编制成功的相当完善的历法，后来又不断改进和发展。

现在我国使用的日历都是根据中国科学院紫金山天文台计算公布的资料去印制的。只有紫金山天文台才是我国国家认定的唯一有权发表日历数据资料的权威机构。别的任何人、任何单位都无权制造日历。天文台根据长期的天文观测数据进行研究和计算，才能编算出我们每年使用的日历，以及若干年前和若干年后的日历。

全世界使用的公历

现在全世界使用的公历是比较起来最方便的历法。历法是给大家用的，越简单越方便越好。现在使用的公历，也就是我们平常把它称作阳历的历法，是世界公认的，所以叫公历。这种历法是根据太阳的位置来测算的。

地球绕太阳公转 1 圈，就是 365 日 5 时 49 分，大约相当于 365.25 日。平常，阳历的 1 年就按 365 日来计算。把 1 年分为 12 个月，如果每个月是 30 天，那还多 5 天，所以有的月就多加 1 天，大月每月有 31 天。那么该把哪些月份定为大月呢？根据历史的原因（并没有什么道理），阳历 1 年中有 7 个大月，那就是 1 月、3 月、5 月、7 月、8 月、10 月和 12 月。原来每个月如果定为 30 天，1 年只多余 5 天，但现在有 7 个大月，还差两天从哪里来补上呢？结果还是由于历史的原因，把 2 月少算两天，这样就补足了大月的那两天差额。所以现在阳历每月的日数如下：

大月　1、3、5、7、8、10、12 这几个月叫作大月，每月 31 天。

小月　2、4、6、9、11 这几个月叫作小月，除 2 月是 28 天外，其余每月都是 30 天。

这个规律也不难记，有句话"7 前单大，8 后双大"，就是说 7 月以前单数月是大月；8 月以后双数月是大月。

还有一个口诀，可以记住每月的日数："一、三、五、七、八、十、腊（十二月），三十一天总不差；四、六、九、冬（十一月）三十日，唯有二月二十八。"

我们也可以用拳头来计算。把拳头握住，将凸起来的骨节算一起，向小指方向计算，凸起来的骨节算大月，凹下去的地方算小月。但在小指骨节处重新往回数，就能指出大月和小月了。

但是照这样计算还有一个毛病，就是地球绕太阳公转1圈是365.25天。照我们上面的算法，每年只有365天，那0.25天不好算1天，只好省去也是可以的。但日积月累这0.25天也不能长期不管。因为每4年就少算1天，每40年就少算10天，每400年就少算100天，就是3个多月。如果长期不管，我们一年四季的月份就要逐步提前了。400年后，最热的夏天就是四五月份了。那时我们的生活，特别是农业生产又太不方便了。为了补救这个缺陷，设立了闰年的办法，就是每过4年，是1个闰年，在阳历闰年的时候，把2月多加1天，成为闰2月，为29天。那么哪一年是闰年呢？国际统一规定，公元年数能被4除尽的就是闰年。例如1984年、1988年、1992年、1996年都是闰年。但是还有一条规定：凡是世纪年如1600年、1700年、1800年、1900年、2000年等，不但能被4除尽，而且要被400除尽才算是闰年。例如1900年虽然能被4除尽，但不能被400除尽，也不能算是闰年；而公元2000年就能被400除尽，因此它就是闰年。

农历是怎样计算的

我们平常把农历说成阴历，其实真正的阴历和农历并不一样，我们用的农历是一种阴阳合历。

真正的阴历是根据月亮圆缺变化的规律来制定的。如果把月亮圆缺1周算作1个月，把12个月算作1年，这就是阴历的1年。月亮圆缺一周的时间是29天12时44分，1个月还不满30天。所以一个阴历年有354天，这样比公历每1年的天数就少11天还多。每17年就要短6个多月。这样下去，17年后阴历的新年就要从冬天变为夏天。这种阴历被伊斯兰教采用，所以也叫作回历。

我国现在还保留使用的农历是阴历和阳历兼顾的历法，它的月是根据月亮圆缺的周期定出来的，这和阴历相同，但它的年是按阳历一年的长短进行调整的，适应四季变化的周期，这又接近阳历的规律，所以应该说是阴阳历。

农历把月分成大月和小月，大月每月30天，叫"大建"或"大晋"；小月每月29天，叫"小建"或"小晋"。每逢初一是"朔"，这时看不到月亮，到了初二、初三才能开始看到一弯新月，到了初七、初八就是"上弦"，半个月亮出现在天上，亮的那半个月亮在西边。到了每月十五、十六，就是满月，叫"望"，月亮最圆。到了二十二、二十三就是"下弦"，亮的半个月亮在东边，然后再回到"朔"。

前面说过，按照月亮圆缺变化的周期所计算的月比阳历的月份天数少，每年要少11天多。如果不加以调整，十几年以后往常最热的月份反而会变成一年中最冷的时候，真会出现"六月雪"了。自然这对生活和农活都非常不方便。为了照顾到日历能和气候寒暑相适应，所以在农历中加上闰月。因为农历每 3 年就比阳历少 33 天，如果每 3 年增加 1 个闰月（1 个闰月的长度是 29 天或 30 天），还差 3 天左右，所以在农历中采用了"十九年七闰"的方法，就是在农历的 19 年中安排 7 个闰月，这样，阳历和农历就可以相协调了。

要问哪一年安排闰月，这个闰月安排在几月的后面（比方在四月后面加 1 个闰四月），那还有许多问题，就不再细说。但是农历中安置闰月的目的完全是为了调节阳历和阴历之间的不协调关系，使和四季相对应的月份不至赶前错后，这和年头好坏是丝毫没有关系的。

┠ 二十四节气

在世界通用的公历中，一般只有春分、夏至、秋分、冬至 4 个代表性日期，说明四季中太阳在天空中的特定位置和昼夜长短的 4 个特定日期。但是在我国，为了农业生产的需要而制定了二十四节气。

什么是二十四节气

我国的日历上，一般都印有二十四个节气的名称。这二十四节气和我国人民的生活有着深远的关系，特别是在农业生产中，更是离不开二十四节气。

一年四季，每季有 3 个月共有 6 个节气，所以每半个月就是一个节气。不同的节气，表示地球在围绕太阳公转时的不同位置。这时，太阳出没的方向、时间，太阳照射地面的方向、角度、日照时间等，各不相同，自然会影响人的生活和农业生产。

二十四节气的名称是：

<table>
<tr><td>立春</td><td>雨水</td><td>惊蛰</td><td>春分</td><td>清明</td><td>谷雨</td></tr>
<tr><td>立夏</td><td>小满</td><td>芒种</td><td>夏至</td><td>小暑</td><td>大暑</td></tr>
<tr><td>立秋</td><td>处暑</td><td>白露</td><td>秋分</td><td>寒露</td><td>霜降</td></tr>
<tr><td>立冬</td><td>小雪</td><td>大雪</td><td>冬至</td><td>小寒</td><td>大寒</td></tr>
</table>

有许多节气，直接反映出它的含义，一看就知道。表示四季变换的有 8 个节气：立春、春分、立夏、夏至、立秋、秋分、立冬、冬至。还有表示气候的，如雨水、谷雨、小暑、大暑、处暑、白露、寒露、霜降、小雪、大雪、小寒、大寒 12 个节气。还有表示自然界和农作物方面的 4 个节气：惊蛰、清明、小满、芒种。

我国从北到南，地域广大，寒暑变化不一，所以二十四节气所表示的情况，并不是全国各地都一样的。大概比较适用于黄河流域一带。

下面把二十四节气中各个节气代表的意思，大概地介绍一下：

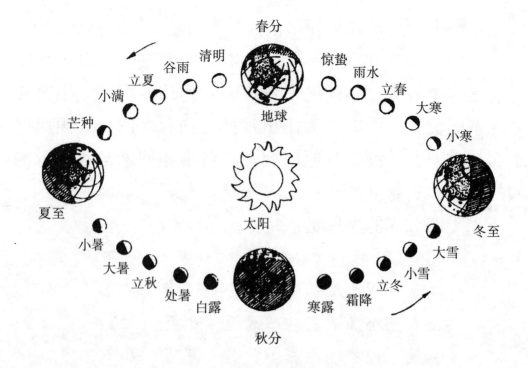

二十四节气示意图

立春：春天就要开始了。

雨水：雨水开始多起来。

惊蛰：冬眠的动物要苏醒了。

春分：正是大好春光，日夜平分。

清明：天气清爽，春光明媚。

谷雨：雨水增多，有利于谷物生长。

立夏：夏天要来到了。

小满：正是小麦日渐丰满的时候。

芒种：麦收到来，同时要进行秋种。

夏至：盛夏就要来到，白天最长，夜间最短。

小暑：天气比较炎热。

大暑：天气很热。

立秋：秋天快到了。

处暑：炎热的暑天已经过去了。

白露：天气渐凉，已经有露水了。

秋分：日夜平分，接近中秋。

寒露：天气更凉，露水也是寒冷的。

霜降：已经开始有霜了。

立冬：冬天就要来到。

小雪：开始有雪。

大雪：下大雪了。

冬至：寒冬已到，白天最短，夜晚最长。

小寒：相当寒冷了。

大寒：天气很冷，一年中最冷的季节。

如果用二十四节气划分四季的话，按照实际情况，用立春、立夏、立秋、立冬四个节气划分四季，作为春、夏、秋、冬的开始，季节偏早，特别是我国的北方一带，在天文学上是以春分、夏至、秋分、冬至来作为四季的开始的。这样又比实际晚一些。

现在用公历的月份划分四季，一般是：

春季——3月、4月、5月。

夏季——6月、7月、8月。

秋季——9月、10月、11月。
冬季——12月、1月、2月。

各地方的自然条件不一样，四季的划分要随地区的不同而不同，或早或晚也不一样。上面所介绍的划分方法是和我国大部分地区的情况比较吻合的。

节气和农业

长期以来，我国农民很重视节气，对在什么时候该干什么农活，积累了丰富的经验。下面引用的一部分谚语，就是很好的证明。

1. 冬小麦方面的谚语：

白露早，寒露迟，秋分种麦正当时。
谷雨麦怀胎，立夏见麦芒。
芒种见麦茬。

2. 棉花方面的谚语：

清明早，小满迟，谷雨种棉正相宜。
小满的花，不回家。
处暑见新花。
处暑不开花，必定摘不了新棉花。

3. 杂粮和蔬菜方面的谚语：

> 清明高粱，谷雨谷；小满芝麻，芒种黍。
> 谷雨前后，种瓜点豆。
> 立冬不拔菜，必定受霜害。

节气歌

为了便于记忆，有人专门编写了节气歌：

> 春雨惊春清谷天，夏满芒夏暑相连；
> 秋处露秋寒霜降，冬雪雪冬小大寒。
> 立春公历二月起，每月两节不改变；
> 上半年来六二一，下半年是八二三。
> 使用公历真方便，二十四节很好算；
> 每月两节日期定，最多相差一两天。

这 84 个字的节气歌很容易背诵，有人还为它谱写了歌曲。前四句是叙述二十四节气的名字和顺序。第一个字"春"就是立春，然后是雨水、惊蛰、春分、清明、谷雨。前四句每句开头的春、夏、秋、冬都分别代表立春、立夏、立秋、立冬四个节气，这是很明显的。第二句中，夏满芒夏是指立夏、小满、芒种、夏至，暑相连是指小暑和大暑。第三句的秋处露秋是指立秋、处暑、白露、秋分，寒霜降分明是指寒露和霜降。第四句中的两个冬指立冬和冬至，两个雪自然是指小雪和大雪，不用问那小大寒就一定是小寒和大寒。

数伏和数九

除了二十四节气外，在我国日历上还标明了数伏和数九的日期，在民间广泛使用。

"伏"是一年中最热的一段时间，分为初伏、中伏、末伏，每伏都是 10 天。以夏至后的第三个庚日为初伏，第四个庚日为中伏。立秋后第一个庚日为末伏或三伏。庚日是指干支纪日法中带"庚"的日子，叫作庚日。三伏的日期在我国的日历中（或历书中）都有登载，可以查到。一般说来，三伏大约在每年 7 月中旬到 8 月中旬这一段日期内。（每 10 天为 1 旬，8 月中旬就指 8 月中间那 10 天。）

数九是指冬天较寒冷的那一段时期，"九九"是从冬至起算的，共 81 天，大致包括 12 月下旬到 3 月中旬的这一时期。

我国民间流传的九九歌诀有："一九二九不出手，三九四九冰上走，五九六九沿河看柳，七九河开，八九雁来。九九加一九，耕牛遍地走。"现在根据气候的变化、地区的不同，这个歌诀也只是一种某些地区、某一时期的说法，并不普遍适用。不过大概说来，三九天和四九天是一年中最冷的日子。

此外，我国日历上还有入梅（霉）和出梅（霉）的日

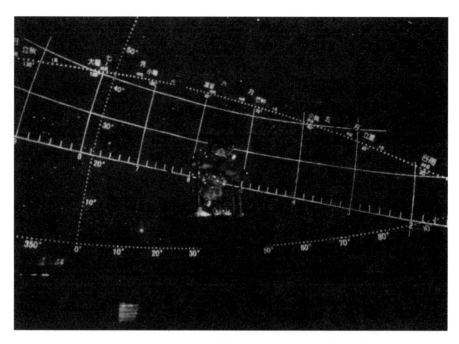

天文馆可以生动地表演测定时间和节气的方法

期，是指江南一带的"黄梅天"，这期间阴雨连绵，东西容易发霉。大概说来在 6 月中旬入梅，7 月上旬出梅。

├ 公元和星期

现在世界各国都用公元年代纪年，我国从新中国成立以来也采用了公元年号。中华人民共和国成立于 1949 年 10 月 1 日，所以从新中国成立以后，我们书写年代一律用公元年号。

公元年号是以耶稣基督出生的那年为公元元年，此后就这样流传下来了，并为大多数国家所采用，所以叫作公元。我国采用公元年号是从全世界通用的这种观点出发的，这和基督教完全没有关系。

　　星期的纪日方法也是历史上流传下来的，一个星期是7天。原来用7个星球来代表7个日期，它们的次序是：日（星期日）、月（星期一）、火星（星期二）、水星（星期三）、木星（星期四）、金星（星期五）、土星（星期六）。现在普遍使用星期，已经成为一种习惯，并不存在其他的意思。

　　（以上各篇原载《气象·天文的故事》，明天出版社，1995年）

彗木相撞启示录

├─ 先从流星和陨石谈起

我们生活其上的地球并不是一个平安无事的世界，地球上经常会遇到这样或那样的灾难，火山的爆发、地震的发生、暴风雨的袭击都会给人们带来毁灭性的灾难。这些灾难是人们比较熟知的，可是还有一种可怕的灾难是从地球外面来的，这就是我们夜晚看到的流星。它们都是太空中大大小小的石块和铁块，当它们飞快地冲向我们地球的时候，和地球外表空气层猛烈地摩擦，从而发热发光。那些石块或铁块大多都烧完变成灰烬飞散在空中。但也有一些没有烧完，剩下的部分掉到地面上来，砸出一个一个的坑，掉到地上来的就是陨石或者陨铁。

陨石在哪里

每天都有数不清的陨石降落在地球上，但是大多数都落在大海中、高山上和荒野里。能够被人看到降落下来的陨石，且能找到的却很少。

中国非常重视陨石的调研工作。1952 年 4 月 1 日，在江苏如皋县降落了一块陨石，重约 5 千克，当时就被人看见，而且从麦田里把它找到，寄送给南京紫金山天文台，这是新中国找到的第一块陨石。

几十年来，我国还有不少陨石的发现，但是最引起全世界注意的，还是 1976 年 3 月 8 日在我国吉林降落的世界最大最重的陨石——吉林 1 号陨石，重达 1770 千克。它是在一场陨石雨中降落的。

陨石雨

什么叫陨石雨？那就是有许多陨石同时降落，好像下雨似的。这种现象在中外历史上虽然都有一些记载，但还是很少见的。

那是在 1976 年 3 月 8 日下午 3 点多钟，在我国吉林市附近出现了一场罕见的陨石雨，有一大群陨石纷纷飞落下来，同时发出闷雷般的声响。

陨石散落在东西长 70 千米，南北宽 10 千米的地区，主要包括吉林市北郊、永吉县、蛟河县一带。这个地区虽然有 10 万多居民，但是没有一个人被陨石打伤。

很快就有一支科学考察队赶到这里进行调研，收集到大量陨石标本，共有 100 多块，总重量达 2600 多千克，其中最大的一块，就是吉林 1 号陨石。

从外表看，陨石多半有一层烧焦了的黑色外壳和一些坑坑洼洼的气印，这些都是在高空中和空气飞速摩擦熔化

吉林 1 号陨石

而形成的。从内部看，把陨石的切片经过显微镜分析，就能看出它有着陨石特有的结构图形，这就是用来区别一般石块和陨石的方法。要不然怎么才能确定哪一块是天上掉下来的，哪一块是地球上本来就有的呢？

陨星，不论是石块还是铁块，都是从地球外面来到地球上的天体标本。所以陨石是非常珍贵的，它是天文学的重要研究资料，它还告诉我们宇宙间的物质大体是相同的，没有可迷信的地方，陨石标本是最好的证明。

现在已经找到的世界上最大的铁质陨星——陨铁，重量达到 60 多吨的是 1920 年在非洲纳米比亚发现的戈巴陨铁，至今还在原地。

世界第二大陨铁现陈列在纽约的美国自然博物馆。它是当今世界上陈列在博物馆中的最大陨铁，重约 34 吨，是 100 年前美国北极探险家 R. 皮里在冰雪遍地的格陵兰荒原上发现的，后来运到了纽约。

第三大陨铁是我国的新疆大陨铁。它在 19 世纪已经被人发现了，一直在沙漠荒野里不知待了多少年，当地的人把它叫作银骆驼，因为它在太阳光下从侧面看去像一只闪耀着银光的骆驼，而且在下雪以后披上银装，就更像一只银色的骆驼了。1965 年它才被搬运到乌鲁木齐展览馆和广大观众见面。这块大陨铁的重量约 30 吨。

在陨石雨方面，我国古书上早有记载，例如在《春秋》一书中就记载着公元前 646 年 12 月"陨石于宋五"，这就是说有 5 块陨石落到"宋"那个地方，这也很可能就是世界上最早的陨石雨记录。因为同时落下 5 块陨石，也许还有许多，但没有找到，那还不是一场陨石雨吗？

除了吉林陨石雨以外，近些年来还发生过好几次陨石雨：1976 年 9 月 13 日贵州清镇陨石雨，1977 年 3 月 11 日湖南常德的陨石雨，1986 年湖北随州陨石雨，1995 年 9 月 7 日内蒙古陨石雨。可见陨石雨也时有发生，但大规模的不多，造成天灾人祸的更是少而又少。

把月球当一面镜子

中秋节的夜晚，明月当空、桂花飘香，真是花好月圆，多么美好的时光。月亮是美丽的，但只能远看不能细瞧。不信，你就从天文望远镜里看看，准把你吓一跳。月亮表面原来是坑洼不平的，人们把那许许多多的圆环形状的山叫作环形山，月球上有几万个，最大的环形山直径有几百千米。人们不禁要问，为什么月球上会有那么多的环形山呢？科学家们说，大多数的环形山是陨石撞击而成的。因为月球上几乎没有空气，抵抗不住陨石的入侵。在漫长的岁月中，成千上万的陨石或前或后冲向月球，形成了一个个的坑穴。就连水星也是这样，从宇宙飞船拍摄的水星照片，也可以看见它的表面充满了许多的环形山和坑穴。

通古斯的一场天火

地球上的火灾常有，大片的森林火灾更可怕，它能燃烧掉大片大片宝贵的森林，这多半是人们不小心而引起的灾难，这是应该也是可以避免的。但是对天上来的火灾，谁也说不清它从哪里来，掉到什么地方，更不知道什么时候从天上掉下来。下面讲的就是非常著名的通古斯天火，那是 80 多年前的事了。

通古斯天火

1908 年 6 月 30 日的早晨，在西伯利亚中部的通古斯的天空中，突然出现了一个大火球，它简直可以和太阳的光亮相比，拖着烟雾的长尾，冲向地面。人们都被这样的奇景吓呆了。然后那个火球爆炸了，就像一颗原子弹爆炸一样，天上出现了一大堆上大下小的蘑菇云，猛烈的冲击波把很多人推倒在地。大片的森林被推倒了、烧焦了。但是那火球到底是什么，却没有留下任何东西可以查明。

在通古斯天火中被摧毁的森林

　　据说那一次的天灾，在 1000 千米左右的范围内，人们都可以听到爆炸声；在 1500 千米的区域内，人们看到了火球的坠落。爆炸所产生的冲击波飞快地向四周蔓延，大约不到 5 个小时，在 5000 千米外的德国波茨坦已经测量到这种波动的气浪，虽然很微弱。18 小时以后，美国的华盛顿也测量到了。30 小时以后，这气浪环绕地球一周，又重新回到原处。

　　通古斯在俄罗斯的北部，这次爆炸所形成的尘雾，一直升到高空，而且扩展到欧洲和非洲大部分地区的上空。在过后的一个多月里，每当太阳下山，还能把高空的尘雾照亮，人们不点灯也能看清楚室外的东西，甚至还能读书看报。

在这次灾难中，大片的森林被毁了，许多动物被烧死了，到处是一片荒凉的景象。

未解之谜

这场天灾发生后，因为处在荒凉遥远的地方，当时还没有条件去调查。直到1927年2月，以苏联科学家库利克教授为首的探险考察队才前往通古斯。

调查中并没有得到什么惊人的发现，但是库利克相信，这必定是从地球外面冲向地球的一个庞然大物，它是谁呢？最可能的就是从太阳系空间飞来的很大的陨石——巨大的通古斯陨石。很可能冲到地面以后，巨大的推力把陨石冲到地层深处，太深了，人们无力把它挖出来，直到现在，那个秘密还埋藏在地下深处。

后来又进行了多次的调查、研究和讨论，通古斯的天火仍然是一个谜。

为探讨通古斯之谜所写的论文不下几百篇，科普文章更是成千上万，还有以此为题的几十部小说。苏联画家还根据回忆资料绘成油画，又根据这些美术作品制成邮票。因此通古斯事件已经传遍全球，在天文学科普图书中，几乎都会谈到这件事，特别是不久前在彗星撞击木星的事件中，人们又旧事重提，谈到当年的通古斯陨石会不会在地球上再来一次、两次……

　　根据大多数科学家的探讨，认为这最可能是一颗巨大的陨石，或者是一颗小行星闯入地球大气层而引起的爆炸。当然，对这个问题的探讨还没有完，也就是说，这个故事只讲了一半，下一半还需要等待。宇宙间的故事往往是漫长的，探索的过程也是漫长的。

有彗星撞击地球吗？

　　1992 年 10 月 26 日，北京出版的英文版《中国日报》上登载了一条从外国通讯社传来的消息，说公元 2126 年 8 月 14 日将有一颗彗星要和地球相撞，还用了一个耸人听闻的标题"这是世界的末日吗？"。过了不久，美国的《新闻周刊》在 1992 年 11 月 26 日的一期以"人类灭亡之日"为标题也报道了同样的消息。据天文学家说，这颗名为史密斯—土特的彗星早在 1862 年就被人看到过，在 1992 年 9 月再度被发现，它以 60 千米/秒的速度绕太阳运行。这个消息引起了不少人的注意，一些报纸、

恐龙的末日

杂志也发表了一些文章，介绍彗星和小行星的知识，还谈到大约在 6500 万年前，可能有一颗彗星撞击地球，使地球上的恐龙灭绝了。

┝ 震惊世界的发现

上面说到的 22 世纪中彗星撞击地球的消息虽然轰动了一阵，但那毕竟是 130 多年以后的事。在 1994 年世界各地的报刊和电视广播却又不断报道了一个不久将要发生的重大宇宙事件，那就是有一颗彗星将在 1994 年 7 月和木星相撞，这在过去几千年的科学史上还是第一次。这一消息又轰动了全世界。这颗彗星的名字叫"苏梅克－利维 9 号彗星"，这颗彗星被巨大的木星吸引，朝着木星的方向冲去，由于木星的巨大吸引力，竟然把这颗彗星撕碎成 21 块，它们一字排开，好像是奔向木星的彗星列车。这个列车的速度快极了，每秒钟达 60 千米，每小时 21 万千米，比地球上最快的每小时 300 千米的高速火车还要快上 700 倍，木星大祸临头。

观天巨镜旁的"玩具"

"苏梅克-利维 9 号彗星"这个名字太长了，下面我们就把它简称"苏利 9 号彗星"吧。这颗彗星是苏梅克夫妇和利维三个人发现的。你愿意听一听这颗彗星被发现的故事吗？

　　在美国西海岸加利福尼亚州的帕洛马山上有一个天文台，它就是世界闻名的帕洛马天文台，那里装设着一架直径5米的反射望远镜，从1948年起人们用它来观测那些非常遥远的巨大的星系。在将近30年当中，帕洛马天文台的5米望远镜一直是世界上最大的望远镜，用它来探测远方的庞大星系是理所当然的。1995年我到帕洛马天文台参观访问，那个圆顶观测室直径有45米，高也有45米，那架大望远镜，顶天立地地矗立在那里，仿佛是探测宇宙的巨人。就在这个巨人不远的地方，还有一个小小的圆顶观测室，直径还不到10米，那里面装有一架口径为46厘米的小望远镜，比起5米望远镜这一观天巨人，这个小天文台的小望远镜真像一架玩具。"玩具"在这里还算得上老大哥，因为远在60年前，它已经在这里安装好，开始用于天文观测了。使用这架望远镜的人就是苏梅克夫妇。

"修鞋匠"科学家

　　尤金·苏梅克姓氏英文是"Shoemaker"，译成中文就是"修鞋匠"，其实他和修鞋匠毫无关系，他是一位热爱科学事业的科学家。他原来是一位地质学家，后来又加入到天文学家的队伍里来，真成了管天管地的专家。他常去亚利桑那州那个有名的陨石坑去研究地质，这是3万年以前从天上掉下来的巨大陨石冲击成的大坑，直径1240米，深190米。他又从望远镜里看到月球表面有成千上万的陨石坑（称环形山），这使他想到，地球比月球大好几倍，那么

美国亚利桑那州陨石坑

地球比月球更容易受到更多陨石的冲击。他想，我们应该保卫地球，于是，他就醉心于陨石和陨石坑的研究。从1973年起，苏梅克又开拓了一项新的事业，那就是用望远镜去发现、监视、研究彗星和小行星，因为这些星体说不定什么时候会冲到地球上来，就会使地球遭到极大的灾难。正好帕洛马天文台的这架广角望远镜，长期闲置着，所以天文台就同意让他专用，专门研究太阳系的小天体，也正好和那架5米望远镜分工合作。小镜子研究近的、小的星球；大镜子研究远的、大的天体。后来苏梅克夫人也爱上了天文，也参加到彗星和小行星研究工作的行列中来。他们经常住在亚利桑那州的旗杆城，那里也有一个曾以研究火星著名的洛威尔天文台。观测和狩猎小行星和彗星，要在没有月光的夜晚进行，每个月想躲过月亮的照耀，大约只有一个星期的时间，所以每到没有月光的日子，苏梅克夫妇就要驾车从亚利桑那州跨越过险峻的山路到加利福尼亚州的帕洛马天文台。行程约 800 千米，开车也要七八个小时，但是，他们为了科学事业，这 800 千米的路程算得了什么？每个月他们准时在帕洛马天文台里通宵观测。美国还有一位有名的天文爱好者戴维·利维，也是一位寻找和观测彗星的能手，他也常来帕洛马天文台和苏梅克夫妇一道工作。他们从事的这项观测和研究工作是为了完成保卫地球的使命，所以给这项工作起了一个"地球守护神"的名字。他们用这架望远镜对天空中的星区一个个地拍照，然后又用检验仪器对拍照过的底片进行检查，寻找可能威胁地球安全的小行星和彗星，这检验的工作经常是由苏梅克夫人来进行的，因为她眼明心细。

苏利 9 号彗星出现了

10 多年来，苏梅克和比他小一岁的夫人已经发现了 300 多颗小行星和 30 多颗彗星，仅这些成绩已经使他们名扬天下，名扬太阳系了（他们发现的小行星都以他们的家人的名字命名），但是奇迹还在后边。那是 1993 年 3 月 25 日的夜晚，苏梅克夫妇和当时 45 岁的利维又聚集在他们的望远镜旁工作了。天气并不十分理想，苏梅克在工作了几个小时后提议是不是今天可以休息了，利维希望再坚持一阵，也许会有新的收获。于是他们又拍了几张星空照片……

第二天，照相底片冲洗出来后，照例请苏梅克夫人进行检验。她那敏锐的目光和熟练的技巧使照相底片上任何的蛛丝马迹都休想蒙混过关。忽然，她发现有两张底片上都有模糊光点而且是长长的一条，好像是一颗被压扁了的彗星。虽然她发现过许多彗星，但是从来没有见过这种形状的。毕竟他们使用的望远镜小了一些，而且露光时间也不够，无法更进一步辨认。他们三个人讨论了很久还是得不出结论，但是认为它多半是彗星。于是，他们立刻先打电话给哈佛大学天文台，那里有国际天文电报局专门以最快的方式向全世界传递新发现的天体的消息。不久，经过美国国立天文台的观测证实，这的确是彗星，不过这颗彗星已经分裂成 21 块，成为"彗星列车"，总长度约 16 万千米，正以每秒 60 千米的速度向木星前进。这个消息立刻传遍了全世界，更令人惊讶的是，经过轨道计算，彗星列车在 1994 年 7 月 17—22 日之间将和巨大的木星相撞。

全球的彗星木星热

这一发现一时令全世界人们都对天文发生了极大的兴趣，报纸、杂志、广播、电视都在报道这千年不遇、万年少有的宇宙新闻，天文台、天文馆的询问电话不断。有些人甚至于怀疑这一事件是否真能发生，但绝大多数人非常钦佩科学家，钦佩科学技术的力量，认为能发现这颗彗星已经很不容易，居然还能算出它的轨道，能预先知道彗木相撞的年月日时分秒，简直太神了。有些人在惊喜之后，冷静地等待着事情的最终结果，太空画家们拿起他们的画笔，已经在描绘彗木相撞时的壮丽景象了，有关报刊上、书籍的封面上都是彗木相撞的图像……

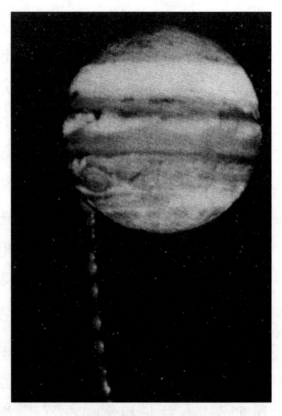

彗木相撞模拟图

为什么这件事情能搞得热火朝天呢？原因就在"稀罕"两个字上。人们说物以稀为贵，这种分裂成21块的彗星，还从来没有被发现过。再说彗星和木星相撞的事的确是千古未有的罕见的天文现象。自从伽利略1610年发明了望远镜以后，人们才有了天文望远镜，才有可能去发现那些眼睛看不到的星球。自从150年前照相技术发明以后，才能用望远镜给星星拍照片，这比人用望远镜去看天又大大推进了一步。就像苏利9号彗星，如果不用望远镜去拍照片，也是发现不了的。单有这些还不行，还需要天文学家的研究和计算才能精确预告彗星和木星相撞的时间和情况。这都是几百年来数学、天体力学研究的成果。

├─ 彗木相撞开始了

1994 年 7 月 17 日，彗星撞木星开始了！这是有史以来人类凭自己的智慧去亲手揭开的宇宙奇观。全球观测彗木前线——在太空飞行的哈勃望远镜很快传来最新的消息。消息的标题是"彗星碎块撞击木星，产生巨大火球"。消息全文如下：

> 哈勃太空望远镜传回的第一帧图像表明，苏梅克－利维 9 号彗星的第一个碎块（即碎块 A）于格林尼治时间 20 时左右按预测时间与木星相撞，引起的火球高达 1000 千米，并形成直径 1900 千米的黑斑。哈勃望远镜在碰撞发生 3 小时后才将图像传至太空望远镜科学研究所。尤金·苏梅克说，这张图像是在撞击点转到地面上可以看见的角度拍摄的。结果跟他预料的一样。同苏梅克夫妇一起在这里等着看结果的戴维·利维说，碎块 A 是这颗彗星最小的碎块之一。

另外一则报道说：

> 碎块 A、B、C 和 D 在 17 日和 18 日两天中接连撞入木星中，在木星云上方形成绵延 1000 千

米的火球。科学家估计，碎块 A 在与木星相撞时释放了 10 万亿吨 TNT 爆炸当量，它以 21 万千米/时的速度撞进木星大气层。苏梅克说，如果这些碎块中有一个碎块与北美洲相撞，就会产生一个直径为 19 千米的大坑。而且能毁灭几百千米以外的东西。还会产生巨大的尘埃云，充斥大气层并笼罩整个地球。人们认为 6500 万年前的恐龙就是这样绝灭的。

我国的传媒也及时发表了中国科学家观测彗木相撞的消息。现摘录两则：

据新华社上海 7 月 18 日电（记者朱忠良）：昨日 19 时 45 分和 23 时 04 分，中科院上海天文台利用口径为 1.56 米的光学望远镜，成功地观测到木星周围光度的变化，证明苏梅克–利维 9 号彗星撞击木星引起的爆炸已经发生。

新华社南京 7 月 19 日电（记者杨福田、石永红）：中国科学院紫金山天文台昨晚成功地观测到苏梅克–利维 9 号彗星第七次撞击木星后在木星上留下的大暗斑。根据预报，这次撞击应发生在昨天下午 3 点 30 分，直径达 4～5 千米的 15 号彗核撞向木星南极偏西位置。19 时 30 分，观测

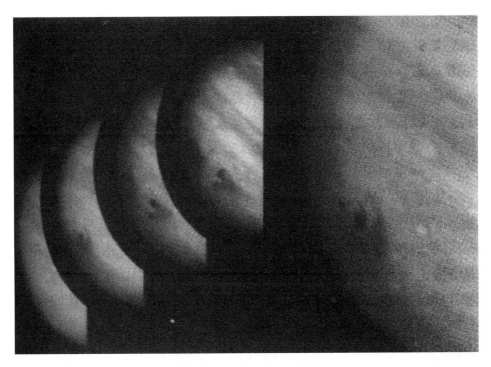

彗星撞击木星后留下的黑斑

人员发现在木星上方偏右有一大暗斑，并随同木星自转作同步移动。到 20 时 30 分左右转入木星背面，从镜头中消失。当天晚上，天文专家和观测人员运用录像资料对大暗斑进行反复研究和确认，并获悉上海天文台也观测到了这块大暗斑。紫金山天文台行星专家、全国彗木相撞监测协调组秘书长王思潮分析说，这次撞击是已发生的七次中最猛烈的一次，所产生的能量相当于 3 万亿～5 万亿吨 TNT 炸药，在木星上留下的"创伤面"直径近两万千米。

　　从世界各地都传来彗木相撞的各种各样的报道。英国通讯社说:"第七次撞击力相当于 6 万亿吨 TNT 炸药,使木星表面出现了一只巨大的'黑眼睛'。实际撞击点大约是地球大小的 80％,不过围绕撞击点出现的新同形黑色斑要比地球大得多。苏梅克说,这次撞击是最大的一块(G 块),它产生的爆炸升腾至木星表面以上 2200 千米的高空。他说,第 7 块碎块的直径可能为 3.5 千米,大约是前几次撞击木星碎块直径的 3 倍……这颗彗星预计在 7 月 22 日向木星发起最后、也是最凶猛的一击。"

　　日本的科学家也观测到第三、第四次彗木相撞,并且说这两次彗木相撞形成了巨大的火光球,高温气体形成蘑菇云,直冲到 1000 千米的高度。这个景象使天文学家非常兴奋。

　　南美洲智利拉西利亚天文台 7 月 18 日报道说,在那个天文台的智利、法国、德国和美国的几位天文学家在观测时惊呼:"它实在太亮了!"

　　澳大利亚天文学家在 7 月 19 日晚上 8 时 21 分观测到了碎块 K 撞击木星时所形成的火球以及随后出现的明亮闪光,并认为这个闪光的体积至少是地球的 3 倍。碎块 K 是撞入木星的第 9 块碎片,撞击速度为 60 千米/秒,估计直径高达 10 千米。英澳赛丁斯普林天文台(在悉尼西北 400 千米远的地方)的天文学家说:"我们看到了一个火球,一个巨大的高温气泡,从木星边缘升起,真是太漂亮了。从木星暗面映出的闪光至少是地球体积的 3 倍,但是和木星相比，仍然很小。"

在这一次彗木相撞的前前后后，我国的科学家，特别是天文学家都作出了许多贡献。中国科学院成立了全国彗木相撞监视协调组，互通信息，协同观测。我国有北京天文台、上海天文台、紫金山天文台、云南天文台、青岛观象台和乌鲁木齐天文站等投入观测。除观测木星本体，还观测木卫的光度变化，所以这是一次综合性的观测考察，大大促进了天文观测技术的发展。我国 11 个观测台站已全部观测到撞击现象，观测到在木星上出现的撞击暗斑。上海天文台观测到木星卫星的闪光现象；通过光谱观测，云南天文台发现硫，北京天文台发现氨。还有几个观测站观测到撞击引起的木星电波爆发。此外，我国的预报也很准确，并通过大量的科学普及宣传，让人们正确认识这种自然现象，丰富科学知识。

从全世界的范围来说，收获也是很大的，在这次撞击事件中观测到了丰富的撞击现象，对我们进一步了解木星大气结构、物理性质和化学组成，彗星的组成和演化，撞击过程中所发生的相互关系等都是十分重要的。但是，大量的观测资料还需要很长时间来分析研究。

├ 人类能对付彗星撞地球

彗木相撞事件不但给我们留下了许多科学资料，而且更给我们留下了许多思考。

人们不禁要问，有一天彗星或小行星也会撞击地球吗？如果这件事发生在地球上又会怎样呢？当彗木相撞事件刚刚过去，我先后发表了两篇文章：《为了地球人的安全——彗木相撞中的联想》（1994年7月26日《光明日报》）和《彗木相撞启示录》（1994年10月5日《中国科学报》）。在文章中我特别提到应该监视星空，保卫地球。我写道：

在这次彗木相撞事件中，我国天文学家工作出色，进行了大量观测和研究，作出了精确预报，误差仅有几分钟，进入世界先进行列。这说明了对于彗星、小行星的轨道、位置和动向，我们是有能力预报的。现在人类在航天方面的技术已经能够准确飞临太阳系内的天体。如果真有地球外天体向地球逼近，可能发生撞击事件时，地球人可以发射载

小行星撞击地球假想图

人或无人的宇宙飞船对外来的星球进行影响，或把它炸碎，或者改变它的轨道，使地球免于灾难或减小灾难。当然，想要有把握地掌握这种保护

地球的技术，还需要做许多工作，并非轻而易举，但这绝非空想。

1994 年 10 月 3 日，《中国科学报》发表了来自英国伦敦的一则电讯，标题是"彗木相撞的精确预报说明人类将有办法对付可能来自小行星的撞击"。现摘录其中一段，看看他们是怎么说的：

英国南极考察队和英国天文学会的乔纳坦·桑克林最近在拉夫堡大学举行的科学节上介绍人类对付小行星或陨星撞击地球时可采取的办法。桑克林说，从理论上讲，小行星或陨星撞击地球的可能性是存在的。1908 年东西伯利亚通古斯大爆炸就被认为是由于一个直径大约为 30 米的陨星坠落造成的。有的科学家认为，在地球进化史上的白垩纪时期（约 1 亿年前），一颗陨星撞击地球，在今天墨西哥湾留下了一个直径为 100 千米的陨石坑。据认为，这次撞击事件最终导致了恐龙的绝灭。值得庆幸的是，上面提到的那种碰撞事件每隔 5000 万年才发生一次，所以人类不必为此担心。但科技的发展，使得人类有办法对付这种可能来自宇宙的灾难。这位英国科学家认为，为了对付天外来客的袭击，要做的第一步是观测可能对地球构成威胁的小行星天体的运行情况，并把它们编目入册，做到心中有数。第二步是建造宇宙飞船，及时去迎接飞来的小行星或陨星。这种宇宙飞船以 60 千米/秒的速度前进，围绕着靠近地球的小行星或陨星飞行，最后可以从后面追赶上去并将其击毁。这种宇宙飞船使用离子驱动器或太阳能风帆作为动力，最后用化学推进剂来加速追上小行星。富有自我牺牲精神的宇航员将被送入宇宙深空，去拦击小行星，并踏上小行星埋制核地雷，最后把小行星炸毁。

看来人类需要认真对待这种可能发生的来自地球外的天灾了。针对防止外星撞地球问题的国际性学术团体和会议已经在积极地工作。例如，1991 年在加拿大举行的"国际巨陨星撞击和行星演化会议"，1992 年在悉尼召开的空间发展研讨会，都探讨过陨星和彗星可能撞击地球的问题。在日本有一个"小行星和地球冲突研究会"，他们在 1993 年还出版了一本名为《小行星大冲突》的书，这也是 1993 年 4 月在意大利的埃里斯召开的关于探讨接近地球的小天体可能撞击地球的国际讨论会后的产物。那次会议我国科学家也出席了。会议还通过了一项《埃里斯宣言》，大意是：接近地球的小天体的碰撞对地球的生态环境和生命演化都是十分重要的。这种近地小天体的碰撞是严重的，绝不亚于其他自然灾害。这种威胁是现实的，国际社会需要进一步协调努力，唤起公众的注意。应该很好地利用任何可能的手段和技术（包括核技术）来对待这个问题。

彗木相撞已经过去了两年多，木星表面的创痕已经看不到了，但是它留给人们的印象是深刻的、思考是久远的。过去，人类对于这类事件不是茫然无知，就是束手无策、坐以待毙。但是，21世纪的人类将有能力保卫地球、保卫自己。首先，我们有观测手段，能事先了解接近地球并可能与地球发生碰撞的那些天体。其次，我们还能准确计算出它们的轨道和动态。最后，人类还能动用自己的技术力量来击退这种灾难。

过去人们常认为探讨遥远天体的天文学，似乎远离现实，和发展经济、发展生产关系不大。其实并不是这样，这次彗木相撞留给我们的思考足以说明这个问题。如果没有天文学，我们就不会正确了解宇宙环境；如果没有天文学的计算、观测和研究，航天事业未必能有今天的规模，至于防止外星冲击地球，保护地球人的安全，人们就更茫然无知了。这一次的彗木相撞事件对地球人来说，可能是得到了一次深刻的启发：为了地球人类的安全，要重视天文学这样的基础学科。此外，提高全民的科学素养，加强科学普及工作也是十分重要的。

（以上各篇原载《飞上太空看星星》，知识出版社，1996年）

哈勃太空望远镜的故事

├ 哈勃——20 世纪的伽利略

现在在太空中绕地球飞行的哈勃太空望远镜，不断地注视着星空宇宙的动态，已经给我们送回了很多有价值的天文照片与科学信息。它是当代高科技的杰出成就，也是人们关注的科技焦点之一。为什么人类要花那么多钱往太空中发射这架望远镜？它在太空中怎样看星星？还有，为什么把它叫作哈勃？要回答这些问题，还要从我自己的所见所闻说起。

哈勃上了《时代》周刊封面

1947 年，我到紫金山天文台工作，这是我从事天文事业的开始。我在天文台可以看到世界上出版的著名天文学期刊、图书，这使我大开眼界。有一天，使我惊喜不已的是，我得到了一本 1947 年第 1 期的美国期刊《幸福杂志》，封面是美国帕洛马天文台的彩色照片。这一期可以说是天文学专号，用几十页的篇幅和几十幅的彩色照片和图解介绍即将完成的世界最大的 5 米望远镜，总标题叫作"天体物理学"。我还是第一次看到那么多的彩色天文照片，所以很激动。有一篇文章《无限的宇宙》着重介绍了现代科学家对宇宙的研究，介绍了将要完成的帕洛马天文台 5 米望远镜将要从事的工作。这篇文章中说：

> 人们对宇宙的观念，不知改变了多少次。在前几年第二次世界大战期间，天文学家暂时停止了对太空的探索，去研究和军事有关的火箭、雷达等。战争结束了（1945 年），他们的注意力又集中到望远镜上了。19 年的苦心设计，一架巨大的帕洛马望远镜，不久即将制造成功。它使人们可能见到最远的星系（也就是别的银河系）。从今年起，人们对宇宙的了解也许要比从前大有进步了。

不久，我又看到在 1948 年 2 月 9 日出版的著名杂志《时代》周刊的封面上就有在帕洛马天文台旁的天文学家哈勃。天文学家能登在这种杂志的封面上，还是第一次。封面是彩色的，左边是哈勃，右边是天文台，还有一只巨手直指星空，这就是说，哈勃就是这个天文台用 5 米望远镜将去探索宇宙的巨人。含意深远。本期有一篇重点文章《仰视星空》，文章中对哈勃是这样描述的：

帕洛马山也许是 20 世纪的一个最高峰，因为在那里最近装置了一架巨大的新的望远镜。从它 5 米的镜面中，人们可以看到 10 亿光年的空间。有了这架新望远镜，人们对这神秘的宇宙将有更进一步的认识。远在 18 年前，帕洛马山便受到科学家的注意和偏爱了。天文学家哈勃在威尔逊山上那架 2.5 米口径的望远镜中，已获得了惊人的发现。根

美国《时代》周刊封面上的天文学家哈勃

据他的观测和研究，宇宙是很明显地在不断爆炸、膨胀中，而且空间的物质似乎都在向外飞快奔腾。哈勃的发现，引起了科学家激烈的争辩。宇宙在爆炸的观念使一些镇静的科学家大吃一惊。哈勃从 2.5 米的望远镜（当时最大的望远镜）中已经看到这么多的现象，假如有比这看得更远的望远镜，当然能有更新奇的发现，天文学家都在渴望着。哈勃在学习天文学时已经对星云（一片散光的天体）很感兴趣。有些星云不过是一些尘埃云，因反射周围星光而被我们观测到。星云

有球状的、椭圆形的，还有螺旋形的。假如把最光亮的星云用巨大的望远镜拍成照片，看起来像一片暗淡的星群。从这暗淡的光芒中，我们不难推测到它们的距离一定是很远的。因为天文学家没有适当的仪器可以准确地去测量，所以他们的意见很难一致。可是哈勃在1919年通过从威尔逊山天文台望远镜中的观测数据，证明了这些星云的确是很远的。这成群的星云好像是无穷无尽的。最远的看起来像很暗淡的小点，哈勃用很复杂的统计方法，并且费了一年的苦功，才研究出这暗淡的微光是很遥远的，即使是每秒钟走30万千米的光，也要用5亿年才能到达地球。哈勃在研究这暗淡星云的距离的过程中，有了一个伟大的发现，就是宇宙在扩大、在爆炸的理论。哈勃就等待着用帕洛马天文台的5米望远镜来证明他的理论。当哈勃拍摄的第一张照片冲洗出来后，我们可以预料，一定不会有什么奇特的现象。因为第一张照片不能证明些什么。但许多照片集合在一起，经过综合研究后，必然会有很多发现。今后人们对这神秘的宇宙，必有更进一步的了解。

当时，美国的报刊，甚至世界上的许多报刊都纷纷介绍5米望远镜和天文学家哈勃。因为哈勃把我们对宇宙的看法，大大推动了一步。老早以前，人们以为大地（地球）就是宇宙的中心。后来波兰天文学家哥白尼提出了太阳中心的学说，把地球中心的学说让位给太阳中心的学说。地球不是宇宙的中心，它只是在太阳系中绕着太阳运转的行星。后来人们又对恒星与银河仔细研究，知道我们的太阳只是银河系中千千万万颗恒星当中的一颗。

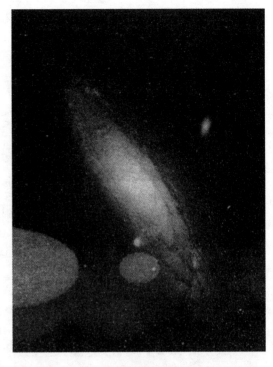

仙女座星系

经过哈勃等人的研究，又知道了我们所在的银河系，也只是千千万万个银河系（星系）中的一个。过去把所有看上去像云雾状的天体，都叫作星云。1924 年，哈勃最先证明，仙女座大星云并不是一片云雾，而是像我们银河系一样的银河系，现在把它们叫作星系，也就是银河系外面的银河系。那些星系也是由千千万万颗恒星组成的。那时测定了仙女座大星云是离我们 80 万光年的星系。现在把这个星系的距离又进一步改正为 220 万光年。

用 5 米镜观测星空

1948 年 6 月，在帕洛马天文台为 5 米望远镜举行了隆重的落成典礼，几百位著名的科学家聚集在当时世界上最大的天文望远镜下，共同祝贺这一在探测宇宙道路上的里程碑事件。天文学家哈勃当然成为这一盛典中的核心人物。从此这架观天巨镜就启动了。哈勃成为使用这架巨镜的第一人。一年以后，美国的《柯利尔》周刊在 1949 年 5 月 7 日出版了"200 英寸（5 米）望远镜首次摄影特辑"（这个刊载权是 10 年前就得到预约授权的）。特辑中发表了哈勃拍摄的第一批天体照片，其中有一张是用 5 米镜拍摄的后发星座中星系团的照片，并且和过去用 2.5 米（100 英寸）镜所拍的同一星区的照片进行对比，说明了 5 米镜可以比 2.5 米镜多见到 3 倍到 4 倍的河外星系，并指出用 5 米镜可以见到的最远星系，距离地球可能达到 10 亿光年。这是当时人类对宇宙探测可以到达的距离极限。遗憾的是，使用这架巨镜观天仅 5 年之后，哈勃在 1953 年因病逝世，时年64 岁。真令人有"出师未捷身先死，长使英雄泪满襟"之感。留下的工作当然由他的同事们和后继者进行下去。为了纪念这位观天巨人，人们把 1990 年送上太空的望远镜命名为"哈勃太空望远镜"。

哈勃功绩

哈勃逝世 40 年后，当哈勃太空望远镜正在太空翱翔之际，1993 年 2 月 26 日《科技日报》发表了一篇纪念文章。文章对哈勃生平做了很好的评介：

哈勃太空望远镜三年前发射升空，如今修复后正以它无可比拟的视力，密切注视宇宙变化的蛛丝马迹。这只太空神眼以哈勃为名，可见哈勃在天文学领域的重要影响。的确，天文学家认为，20世纪20年代和30年代，哈勃比伽利略之后的任何一位天文学家都更深刻地改变了人们对宇宙的认识。哈勃证明了银河系不是宇宙的独生子，它只是无数星系中的一个。哈勃的研究以膨胀的宇宙代替了静止宇宙的观点，这正是伽利略的大胆断言"它仍在运动着"的延伸。所以，称哈勃为20世纪的伽利略实不为过。1914年，哈勃成为芝加哥大学叶凯士天文台的研究生。从此，哈勃开始使用一台24英寸（60厘米）反射望远镜来拍摄那些神秘的星云，这项研究后来总结为一篇论文《暗弱星云的照相研究》。1919年，哈勃在威尔逊山天文台用当时最大的100英寸（2.5米）望远镜从事"非银河星云"的性质这一问题的研究。1926年，哈勃发表了他的划时代文章《作为一个恒星系统的旋涡星云》，引起强烈反响。从此哈勃的名字在天文学界更加响亮。除研究旋涡星云的性质外，哈勃给现代科学留下的最惊人的遗产是，我们生活在一个膨胀的宇宙中。他的有关星系退行速度与距离关系的论文发表于1929年，又在天文学界引起轰动。他所描述的那些发现成为大爆炸理论基础的一部分，而大爆炸理论又加固了现代宇宙学的基础。哈勃得出星系退行速度和距离的线性关系，表示遥远星系的退行速度正比例于它的距离，这就是哈勃定律。哈勃定律的诞生，意味着我们生存的宇宙在不断膨胀中。哈勃在 20 世纪 20—30 年代可以说事业上达到了登峰造极的程度。他的那些辉煌壮丽的研究成果和他所著的《星云世界》《用观测手段探索宇宙学问题》，鼓舞了一代年轻的天文学家和物理学家。这些哈勃的后继者，正在以成功的工作作为意味深长的礼物纪念这位与宇宙共存的巨星。

从帕洛马山到太空

几十年来，我对哈勃是何等崇敬，对帕洛马天文台是多么的向往。1995 年春，我到美国访问，第一个访问的科学圣地就是帕洛马天文台。它位于美国西海岸加利福尼亚州的南部，距名城洛杉矶约 200 千米。到达海拔高度约 2000 米的天文台后，我终于来到 5 米（200 英寸）望远镜观测室的巨大的白色圆顶前，我深深感到这的确是一座科学的殿堂。它的直径约 45 米，高 45 米，足有 12 层楼那么高。在建成后的 30 年中，这架望远镜一直是世界最大的望远镜。后来，虽然建造了比它更大的望远镜，但是用它进行的大量工作和所获成果，至今仍排世界第一。它的反射镜面直径 5 米，镜面重量 15 吨，望远镜镜身重量 500 吨，转动望远镜的电动机只需 1/12 马力。镜面的聚光能力相当于 100 万只人眼，可以看到 2000 多千米远处的一支烛光（如同从北京看到海南岛上的烛光一样）。我站在这座巨大望远镜的面前，自然想到哈勃等著名天文学家们曾在这里使用这架巨大的天文望远镜进行过观测和研究。我今天来到这里是在探寻他们走过的道路和足迹。在天文台的展示厅里，看着那一幅幅壮丽多姿的各种星云和星系照片，有不少都是哈勃拍摄的。有一幅照片是哈勃和一些天文学家在观看和研究一批遥远的星系照片的情景。在探测宇宙遥远星系的道路上，他们都是先驱者和开拓者，是他们把宇宙的尺度扩大了，把星系的本质揭示出来，使人类对宇宙的认识大大前进了一步。

访问帕洛马天文台给我留下深刻、难忘的印象，因为它是人类认识宇宙的一个重要里程碑。那么，另一个里程碑在哪里呢？不久之后我在美国首都华盛顿的宇航博物馆中找到了。那就是陈列在大厅中的哈勃太空望远镜的复制品，它是花费了 21 亿美元、已经送上太空的最大最贵的科学仪器。我庆幸能在不长的时间里亲眼看到这两个划时代的天文望远镜，我仿佛是从帕洛马山一直走向了太空。对当代的人们来说，哈勃太空望远镜自然具有更大的吸引力。它是怎样建造和被送上太空的？它又能做些什么呢？

├ 太空时代的天文观测

1957 年 10 月 4 日，第一颗人造卫星围绕地球运行，人类的太空时代开始了。人类在地球上虽然生活了上百万年，但是他们被地球的吸引力紧紧拖住，没有能力飞向太空。人们也无法从太空中观望整个地球，尽管她是那么美丽。从 1957 年以来，人们不但从太空中欣赏了美丽的地球，给她拍摄了许许多多的照片。利用这些资料可以使人们对地球资源、大气变化、海洋情况、环境动态有了更深入的了解，人类还驾驶宇宙飞船登上月球，派出行星探测器飞往各个行星进行科学考察，取得了大量成果。这 40 多年来对太阳系的研究超过了以前的 400 年。人们还发射了一些轨道天文台去观测太阳活动和进行地球上无法做到的科学观测和研究。这就使人类的天文观测有了一个巨大的飞跃。人对宇宙的观测再不只是在地面的天文台上进行，而是要把望远镜和科学仪器发射到太空中去，打开瞭望宇宙的新窗口。哈勃太空望远镜就是这个伟大计划中最重要最庞大的项目。对这架太空望远镜的投资前后大约 21 亿美元，本来早就制作好的仪器，因发射问题而一拖再拖，原打算由"挑战者号"航天飞机把它送上太空，但不幸这架航天飞机在一次发射后爆炸，这样就使发送太空望远镜的计划拖延了几年，一直到 1990 年 4 月 24 日才由"发现者号"航天飞机把它送上太空，使它在离地面约 600 千米的高空绕地球飞行。

为什么要发射太空望远镜呢？

原来，地球的周围被一层厚厚的大气包围着，它对地球、对人类都是非常重要的。如果没有大气，人就没有可呼吸的空气，就不能生存，动物和植物也就灭亡了。大气对地球上的温度、刮风下雨都起着主导作用，如果没有大气，地球上就没有天气的变化，就像月球一样成为一个没有生命的死寂世界。但是大气却是天文观测不可跨越的障碍。黎明的朝霞、落日的美景以及夜晚闪烁的星光都是大气在天空舞台上的表演，但是天文学家却为此十分苦恼。大气的波动使星象摇摆不定，给天文观测造成了许多困难，使观测受到歪曲，使精确度大打折扣。这就是为什么在地面上建成一个天文台要千辛万苦地调查研究，精选台址；这就是为什么许多大天文台要建筑在人迹罕至的高山上。这一切就是因为在那里可以得到比较多的晴天，比较稳定的大气条件。虽然这样，大气这层天幕是躲不掉的。能不能把天文台建设在没有大气的地方呢？能，这个地点就是月球。可是月球虽然是离地球最近的天体，距离大约为38万多千米，但是人类现在的科技能力还无法把大望远镜安装到月球上去。再说即使能在月球上建设天文台，那还要经常去管理、使用和维修，这是眼下无法实现的。于是人们就设想，制造一架太空望远镜，把它发射到离地球几百千米的高空，也便于操作和维修。太空望远镜可以比地面望远镜看到更多的天体和细节，而且距离也更加深远。它可以看到比地面最大望远镜所能看到的还要暗 50 倍的天体。所以美国宇航局从 1983 年起就开始制造这架太空望远镜了。

├ 太空望远镜的里里外外

哈勃太空望远镜的总长度为 13.3 米，镜筒直径 4.3 米，重 11600 千克，好比是把一个运货集装箱送上了太空。

从哈勃太空望远镜的构造图上可以看出，星光从打开的镜盖前进入望远镜的直径为 2.4 米的主镜，然后通过主镜集光再反射到 0.34 米直径的副镜上，然后星光通过主镜

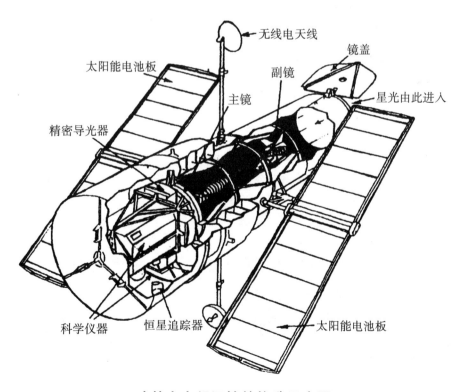

哈勃太空望远镜的构造示意图

中央的小孔聚焦在观测仪器上。恒星追踪器可以保证星象的位置准确稳定。精密导光器可以使星象清楚，科学仪器根据不同目的开展有关的科学工作，通过无线电天线接收地面的指令，发射望远镜取得的成果。太阳能电池板供给望远镜工作所需的能源。这样，一个完整的太空天文台就可以功能齐备地在太空中观测天体了。

通过一些数据资料，可以使我们对哈勃太空望远镜有一个明确的了解：

镜筒长度：13.3 米

镜筒直径：4.3 米

总重量：11600 千克

太阳能电池板的大小：11.8 米×2.3 米

主镜直径：2.4 米

副镜直径：0.34 米

可见范围：除可见光的部分外还包括紫外光与红外光波段

轨道高度：600 千米

绕地球一周：95 分钟

预计寿命：约 15 年

能看到的最暗天体：30 星等（大约相当于人眼视力的 40 亿倍）

├ 太空望远镜的九大使命

哈勃太空望远镜的九大使命就是要求它努力完成的九大任务，但是随着事态的发展，也许又会发现新的问题，同时也会出现新的课题。

测定宇宙的距离 宇宙到底是有限的范围，还是无边无际？这是自古以来哲学家和科学家探讨和争论的问题。不过到目前为止，人类的科学技术还没有看到宇宙的边界。以前用帕洛马天文台的 5 米望远镜可以探测到 10 亿光年的宇宙深处，就是在那里仍然存在着数也数不清的星系，可见那里也不是宇宙的边界。现在用哈勃太空望远镜据说可以观测到 100 多亿光年的距离，这样遥远的星空深处，是不是宇宙的边界呢？能看到更遥远的星系世界吗？那里的距离有多远？这些重要问题都等待着太空望远镜的观测资料来解答。

测定宇宙的年龄 与宇宙有限和无限问题有密切关系的问题就是宇宙的年龄。宇宙从时间的角度上来说是永恒的还是有限的？中国古书《淮南子》中对宇宙的描述，非常科学和概括，什么是宇宙呢？那就是"上下四方为宇，古往今来为宙"，也就是说，"宇宙"就是空间和时间的总体。但是，宇宙是在 150 亿年前一次宇宙大爆炸中诞生的，还是没有开始也没有结尾？这些问题也有待于太空望远镜提供信息。如果宇宙真是在 150 亿年前发生过宇宙大爆炸，我们的太阳系以及它所在的银河系也许正处在爆炸物的中途或是边缘。如果太空望远镜能看到 100 亿光年或更远，那也许就看到了 100 多亿年以前的情景，也就可以论证宇宙的年龄和距离。不管能不能做到这一点，太空望远镜肯定能看得更远更远，也就是比以往更容易达到比较接近实际的数字。

宇宙的命运　这也是最重要的科学和哲学的问题。这就是宇宙怎样发展下去？宇宙往何处去？宇宙的确是在膨胀吗？是以多么快的速度在膨胀？这些问题目前人们还不十分清楚。通过确定星系互相飞离的速度，从而可能确定宇宙膨胀速度怎样减慢下来，天文学家或许能确定宇宙将永远膨胀下去，还是最后收缩挤压在一起。

星系的演化　星系也和恒星一样，应该有它的演化过程。我们在银河系里可以看到不同类型的恒星，也就是说，我们可以看到不同年龄的恒星，因而可以描绘出一幅恒星演化图。这就好比我们在街上同时可以看见老年、中年、少年和儿童，这样就能知道人从幼儿一直发展到老年的全过程。可是我们现在观测到的星系全是同年龄的星系，要想看更早期的星系，就要去看那些比现在看到的更为遥远的星系，人们对哈勃太空望远镜寄予希望，很想看看这些星系在几十亿甚至上百亿年前是怎样诞生，又是怎样聚集的。

寻找地球以外的行星系　也就是说，去寻找别的太阳

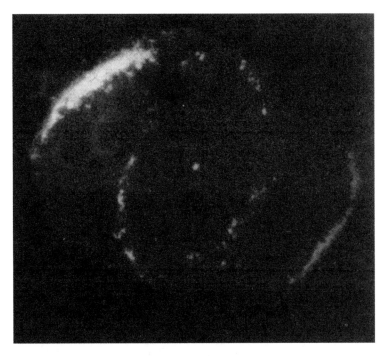

哈勃望远镜拍摄的猫眼星云

系。虽然按道理说，银河系中有一两千亿颗恒星，难道只有太阳周围有行星吗？但是直到现在，人们还拿不出直接观测到的证据。如果能发现别的太阳系的存在，就有可能进一步探索，在那个太阳系里的行星上也有生命吗？也有外星人吗？在南天绘架星座中有一颗二号星（β星）是首先要进行探测的对象。太空望远镜在大气层上工作，能准确监视各个恒星的准确位置。如果恒星有微小的移动或轻微的摇摆，很可能是在它的周围有比较大的行星的引力互相作用的结果。

探测黑洞　黑洞是体积庞大的崩溃的星体，它的巨大无比的引力作用，能把周围一切物质都吸引到它那个连光线也逃不出来的黑洞中去。所以对黑洞无法进行直接的观测。但是，随着大量物质被它吸收，黑洞温度升高，引发了高能量的辐射，就可能被太空望远镜侦察出来。

类星体究竟是什么 这是一种类似恒星而又不是恒星的天体，处于十分遥远的空间，距离地球可能有数十亿光年，但是在照片上却是一个点。到现在我们还一直弄不清它的真相，希望哈勃望远镜能够揭开它的秘密。

从太空中看太阳系 这要比从地球上看得更清楚。我们生活在太阳系里，当然应该对自己的家庭成员更了解。太阳系中的行星、小行星、卫星、彗星、流星体等都是观测的项目。

探测恒星的起源 这是一个重大的基本的天文学探讨课题。恒星诞生的过程一直还没有从地球上看到，也许能从太空望远镜中得到一些线索。

以上这九大使命中最重要的还是确定宇宙的距离，也就能测出宇宙的大小，也才能知道宇宙的年龄。可见这架望远镜肩负着人类的重大使命，想去解开宇宙的万古之谜。

├─ 飞翔吧，哈勃！

1995 年春天我访问了帕洛马天文台的 5 米望远镜以后，又有机会去访问位于大西洋岸边，美国东南半岛的佛罗里达州的肯尼迪太空中心，因为哈勃太空望远镜就是从这里发射升空的。当汽车快到达太空中心的时候，路边出现了指示驶向太空中心的路标。不久就看到高高的火箭群。这里既是火箭发射场，又是向广大群众开放的科学博物馆，它用各种图表、实物向参观者普及太空科学知识。宇宙火箭、登月舱、航天飞机、各种行星探测器都呈现在你的面前，还可以进入参观。我也登上了航天飞机，飞机并不大，但是它升空后却可容纳好几个人在太空中进行科学观测和实验，并且可以从太空中放送卫星。太空望远镜也是从航天飞机上送入离地面 600 千米高空的。坐太空中心的游览车可以直达海边的火箭发射场，那里的第 39 号发射台最有名，因为飞往太空的航天器都是从这里发射的。如果遇上发射航天飞机，就可以在远处瞭望那壮观的发射场面。后来，我去太空教育服务中心访问，当服务人员知道我是从北京来的并且从事天文和太空科普工作，她立刻送给我许多资料，其中我最感兴趣的就是有关哈勃太空望远镜的部分，特别是哈勃望远镜在太空拍摄的许多奇妙的照片。她还对我说："你愿意去看一看哈勃太空望远镜发射升空的场面吗？"我苦笑着说："那怎么可能呢？那是 5 年前的事了！"她说："能够补看的，请你到'银河系电影馆'，那里的超大银幕电影可以生动地再现这一景象。"

　　一架 13.3 米长、11 吨重的哈勃太空望远镜已经进行了最后的检查，一切都合格了，可以升入太空独立工作了。身穿洁白大衣的工作人员把用外包装裹得严严实实的望远镜从轨道上慢慢推进航天飞机里。一切都是在严密监护下进行的，绝不能让地球上的任何尘埃随望远镜飞入太空，因为这是一架飞入一尘不染太空中的最纯洁的天文望远镜，微小的尘埃都会影响太空望远镜所拍摄的天文照片。

装着太空望远镜的"发现者号"航天飞机垂直矗立在巨大的平台上，平台被拖车牵引着缓缓地驶向海滨的 39 号发射台。航天飞机已经稳稳地停靠在发射台上了。这里是美国佛罗里达州东海岸，大西洋海滨的卡纳维拉尔角肯尼迪太空中心的发射台，时间是 1990 年 4 月 24 日当地时间 8

航天飞机把哈勃太空望远镜送入轨道

点 30 分。不论是在场的工程技术人员，还是远处的观众，大家的心情都特别紧张。因为这是一次不平凡的发射，这是很多人经过很多年、花费了约 21 亿美元制造的太空望远镜，也是自太空时代开始以来，送入太空的最贵重的科学仪器。屹立在加利福尼亚州帕洛马山上的 5 米望远镜已经是闻名全球的观天巨镜，然而，由于安装在地面上，尽管它的镜面巨大，但是它毕竟受到地球环境和大气的限制，有些事它也无能为力。如今，5 米望远镜力不从心的一些艰巨任务，就要由这一台太空望远镜接过历史的火炬，去努力完成。一想到这些，人们就会感到这次发射的意义是何等重大。它要在人类认识宇宙的历程上谱写新的篇章。时间一秒一秒地过去，时钟指向 8 时 33 分 51 秒的时候，发射台准许起飞的信号灯亮了，火箭开始点火起飞。一阵闪光过后，火箭尾部浓烟滚滚，白浪翻腾，随着隆隆的巨响，火箭冒着炫目的火流笔直飞起，又在半空中进入弯曲的航线向太空中飞去。

观众的掌声、欢呼声与火箭声形成一部哈勃交响乐。在几个阶段的飞行之后，航天飞机已经进入轨道……随同"发现者号"航天飞机升空的共有 5 名宇航员，他们要在规定的时间、规定的太空位置上把哈勃太空望远镜送入轨道中去。一切按预定的顺序进行，航天飞机的货舱打开了，一个15米长的机械臂把太空望远镜从货舱中举起，望远镜已经显示在太空的背景中了，天空一片漆黑，明亮的星星与对面光辉的太阳同时展现在人们面前，因为这里是没有空气的世界，星星也不会闪光，它们一动也不动地呆在各自的位置上，仿佛有些呆板，好像缺少一些诗意。这时望远镜的镜盖还没有打开，它表面辉映着蓝天白云，那正是地球球面的反映。橙黄色的太阳能电池板已经工作了，在阳光照射下，它已经开始充电，并且把电能送给太空望远镜的各个部位。它们的电能是充实的，因为这里没有黑夜，没有阴天或多云，所以太阳在24小时内总是照射着太阳能电池板。最后，5位宇航员都站立在一起目送望远镜进入浩瀚的太空。机械臂和望远镜脱钩了，望远镜轻飘飘地进入了它的太空轨道。这里是一个失重的世界，所以11吨重的望远镜连一点重量的感觉都没有。太阳能板好像两只翅膀，望远镜远远地飘走了。

电影结束了，我的心中很自然地闪出了为它送行的几个字："飞翔吧，哈勃!"这一切真实的画面都是我在超大银幕上看到的。

├ 太空中的神眼

太空望远镜上安装着许多科学仪器，它们好像一只只神眼，该用哪一只神眼去瞄准哪一颗星、哪一片星系，要根据研究的课题来决定。

太空望远镜的最大特点，是能得到高质量的图像，这在以往是办不到的。望远镜里安装着六种主要的科学仪器。一种叫作广角及行星照相机，用它既可以作大视场的摄影，也可以用作高分辨率照相。也就是说，它既可以拍摄广大范围的天体，比如，一大片星系的集团，也可以拍摄某一天体的细节，比如，行星表面某一部分的细微形态。所以，这种广角及行星照相机是一种功能极多的仪器。在寻找太阳系以外的行星世界中，它将发挥作用。用它来拍摄某些恒星的图像，弄清楚它们旁边有没有行星相伴，如果有行星，那么这颗（或这些）行星会影响它们的主星（恒星），使主星产生周期性的"颤动"。当然，要分辨出这种细微的"颤动"需要有极为精确复杂的技术，或许太空望远镜有希望解决这个长期以来一直没有解决的问题。还有一种仪器叫微弱天体照相机，专门拍摄那些非常遥远的、光度非常微弱的天体。在地面上，由于大气的干扰，这是根本做不到的事。还有三种仪器是专门拍摄微弱天体的光谱照片和进行分析研究的。另外还有一架高速光度计，不过这架仪器后来被另一种仪器替换了。在太空望远镜上的微导（细微调整）系统将会使哈勃太空望远镜能有测量恒星精确位置的能力。太空望远镜得到的所有观测数据都通过别的卫星转送给地面的科学中心。

哈勃太空望远镜拍摄的土星美景

　　在太空飞翔的哈勃太空望远镜，像一只觅食的雄鹰，不时地注视着星空中的动静。1990 年 11 月，有一次拍摄土星时，人们发现土星表面不像以往那样平静，在它的北半球出现了大片的白斑，那正是土星上产生的巨大风暴，从图像上还看得出这风暴是何等猛烈，比地球上的台风要猛烈得多，中心风力岂止 12 级，可能 24 级都不止。它的范围大极了，按照比例，土星风暴的宽度是地球直径的八九倍。

哈勃太空望远镜在发射后的三年中做了大量工作，提供了地面上得不到的许多信息。

┠ 并不平坦的道路

不应该发生的错误

哈勃太空望远镜在制造过程中是非常严格的，完成后又经过严密的检验。美国政府办的一本杂志的评语是："太空望远镜的最大特点，是在它的焦平面上形成的图像达到空前的高质量。两个光学镜面几乎是现代科学技术所能达到的最完美的水平。两个镜面的相对位置，以及两镜与聚焦面的相对位置，都由遥控加以调节，使产生的图像尽可能清晰。"

但是，意想不到的事情发生了：1990 年 5 月在开始检验太空望远镜的过程中，首先让它对暗天体拍照，5 月 20 日发回的照片令人惊呆了，太空望远镜所拍的照片和地面上的望远镜拍摄的照片差不多。这是怎么回事？后来又对准后发星座编号为 M100（NGC4321）的旋涡星系中心拍照，离地球为 4100 万光年，但是照片上一片模糊。这个问题太大了，怎么刚刚诞生的太空望远镜竟成了近视眼？经过全面检查分析才知道是直径 2.4 米的主镜发生了问题。这块镜子重约 1 吨，价值 1500 万美元。这块玻璃镜早在 20

世纪 70 年代已经铸造完成，但镜片的磨光工作是从 1980 年 8 月开始的，一直到 1981 年 4 月才完成。从铸造玻璃坯块，切割成直径为 2.4 米的镜子，一直到按设计磨制完成，一共用了 5 年的时间，然后是镀上一层铝膜，并且还要喷上一层保护层。这些工作要求极为严格，不能有丝毫差错，所有的工作人员都是提心吊胆地工作，对于这面镜面的精确度要求达到四万分之一毫米。这么严谨的工作难道还会出错吗？中国有句成语叫"智者千虑，必有一失"，谁知道这句话正好用在太空望远镜上。调查的结果表明，原来是在检验主镜的精确度时，工作人员把检验镜放错了位置，虽然只放错了 1.3 毫米。用错误的标准去检验镜面的精确度，结果当然也是错误的。

怎样挽救太空望远镜

事已如此，叹息是无用的，争论也是徒劳的，最重要的还是赶快采取行动来修补这个缺陷，挽救太空望远镜。科学技术专家纷纷发表意见。困难在于这架望远镜不是安装在地面的天文台里，随时可以加以修理。这镜子是在天上飞行，如果把它再从太空中收回，这是相当难的，谁也不敢担保这一做法会成功，而且这样做，来回一趟要花 6 年的时间。显然这种方案是行不通的。最后决定采用的办法是在 1993 年由宇航员上天去修理，更换一个叫作光度计的仪器，再加上改正镜，这样就会纠正望远镜的偏差。这事情说起来容易，做起来难。回想这架望远镜从当初提出设想到制作完成都是很艰难的；后来，将它准确地送上太空轨道，也是经历了多少曲折，冒了多少风险才完成；如今又要派人上天去修理，更是难上加难。1995 年，我在美国时就看到了一本有关这架望远镜历史的厚书，竟然用了《哈勃战争》这个不平凡的书名，说全了应该是《哈勃太空望远镜的战争》，还应该加上一个副标题"哈勃望远镜史话"，可见这架望远镜走过了多么艰险曲折的道路。

上天修理太空望远镜

其实，哈勃太空望远镜的毛病还不只上面说到的那面主镜的近视病。在太空中飞行的三年中，它虽然已经做了不少工作，也有不少收获，但在实际考验中也出现了这样或那样的毛病。这也是允许的，因为通过实践才能获得经验，何况这是世界上的第一次呢。

下面就是上天修理太空望远镜的日记：

1993 年 12 月 2 日　"奋进号"航天飞机从肯尼迪太空中心升空，载有 7 名宇航员，此行的主要任务是去修理那架已经在太空中飞行超过 3 年半的哈勃太空望远镜。

此前已经做了大量准备工作，包括试修望远镜的训练，以免飞入太空修理望远镜时可能出现问题。为了使航天飞机和望远镜能顺利会合，地面控制人员已经在事先遥控调整了望远镜的飞行姿态，并关闭了它的电源。

12月3日　整天追赶哈勃太空望远镜。

12月4日　已经看见了哈勃太空望远镜，当航天飞机从后下方接近到距离望远镜不到10米处时，它们的相对速度几乎下降到每秒钟2.5厘米，彼此接近静止状态。这时，宇航员用航天飞机上15米长的机械臂，在太平洋上空捕捉到了望远镜，并且成功地把它拉入敞开的机舱内，加以固定等待修理。

12月5日　在升空的第四天，两名宇航员第一次太空行走，将近8个小时，更换了两个陀螺仪，以便使望远镜能精确地对目标定位。

12月6日　两名宇航员用欧洲空间

宇航员在太空中抢修望远镜

局提供的新太阳能电池板给望远镜换上，旧的一块已经严重损坏。新的电池板在阳光下闪着金光，它们的背后是那漂亮的蓝色的地球。

12月7日 这是上天的第六天了，宇航员给望远镜安装了一个新型的行星照相机和望远镜成像仪中的定位地磁仪。

12月8日 宇航员进行了第四次太空行走，进行极为重要的更换工作。先是拆除了原来的高速光度计，在那里安装了光学矫正替换箱，其中除了矫正透镜外，还装有一架暗天体照相机、一台紫外摄谱仪，以及另外几台仪器。

12月9日 完成了第五次太空行走，把修理好的太空望远镜送回了太空，就好像把一条珍贵的鱼放回了大海一样。

在太空中修复哈勃太空望远镜，是科学史上应该大书特书的一件事，是一次科学实验的远征。

├ 飞向 21 世纪

1995 年冬天，美国各大报刊都登载了哈勃太空望远镜发现恒星"养殖场"的消息，并且发表了证明恒星诞生的照片。

在猎户星座的大星云中，人们一向认为那里是恒星的一个诞生地。哈勃太空望远镜 1995 年 4 月 1 日从巨蛇星座的鹰状星云中央，捕捉到了一组正在形成恒星的珍贵镜头。星云离地球 7000 光年。这些像指头般的云雾从氢分子云中伸展有好几光年的长度。它们互相碰撞，组成许多核心或卵状。这是恒星形成的早期阶段。年轻恒星吸收周围的物质继续增长发展。过去从地面天

恒星正在形成

文台拍摄的照片中，还未曾见过这样的恒星形成的细节。

类似这样惊人的信息和图片不断传来，使我们对宇宙的探测和研究达到了一个新高度。

根据计划，1997 年、1999 年、2002 年还要陆续地发射航天飞机去给哈勃太空望远镜更换照相机和其他仪器，到时候，哈勃太空望远镜的技术能力将得到不断提高，这架太空望远镜的总投资也将要达到五六十亿美元。现在我们只能在地面上对太空望远镜进行遥控，将来人类可能在太空中亲自用太空望远镜从事宇宙研究。再以后更多的太

飞翔的哈勃太空望远镜

空望远镜将在星空飞翔，我们对宇宙的知识将会大大地丰富，说不定还要在月球上建立天文台，用更大的望远镜去观测、去探索。

（以上各篇原载《飞上太空看星星》，知识出版社，1996 年）

外星人，你在哪里

├── 一次看望外星人的旅行

在茫茫的宇宙中，有着千千万万个星系，每个星系当中又有千千万万颗恒星，我们的太阳就是我们的星系——银河系中的一个恒星。在太阳的周围有大大小小的行星绕着它转，这就是太阳系。在太阳系中的一个不大不小的行星就是我们的地球。在地球上有成千上万种生物，这是一个乐园，一个有人居住的乐园。但是在这茫茫的宇宙中，还有没有像地球一样的星球呢？那里住着的人也和我们一样吗？人们把地球以外的智慧生命叫作外星人。有外星人吗？外星人在哪里？

画家笔下古怪有趣的外星人

这是多少年来地球人渴望了解的问题。让我们先讲一个真正的故事吧。

1995年春天，我和几位朋友到美国东南部的佛罗里达州去旅行。我们来到了奥兰多市，这里是著名的旅游胜地，每年总有千百万人来到这里观光，因为这里有两个最著名的旅游景点：迪斯尼世界和环球电影城。

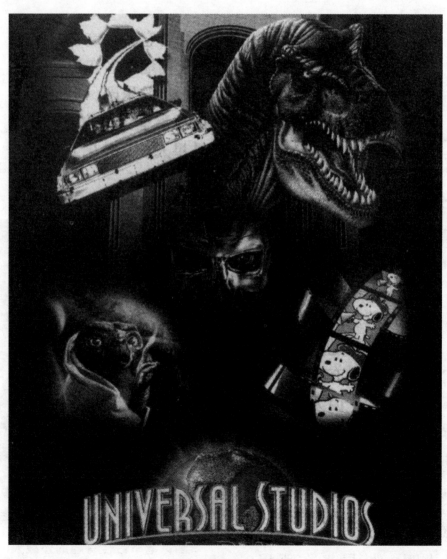

环球电影城的海报

　　我们在环球电影城看到一个巨大的死恐龙躺在地上，那是1亿多年前地球上的巨大动物，它怎么躺在这里呢？导游小姐告诉我，那就是影片《侏罗纪公园》中的一只凶猛的独角龙，这引起我们极大的兴趣，我们觉得地球上的生命真是多种多样，这个世界真奇妙。但是导游小姐说："更奇妙的还有那些外星人呢。"我忙问她："哪里有外星人？"她不慌不忙地指向不远处的一座小山，外星人就在那里。我们跟随她走近一看，在一个山洞上有两个醒目的大字：E. T.。这是什么？导游小姐说："这就是外星人的缩写字母，原文是'EXTRA TERRITORIAL'，是指地球外的事物。已经有不少人在排队，他们将乘坐宇宙飞船去看望外星人。"我们赶快加入队伍，不久就上了飞船，服务人员给我们紧好了安全带。随着一阵轰鸣，飞船起飞了，我们已经上路了。我们越飞越高，天上是一轮明月，地面是万家灯火，那一幢幢的楼房、树林与河流都变得那么小、那么远了，我们已经离开了人类的家园，去往遥远的世界，寻找地球人的伙伴，去寻找外星人。忽然我们看见一个又真又假、恍恍惚惚的镜头，有两个人骑着自行车从月亮表面走过，他们还向我们招手呢！我半信半疑，擦擦眼睛再去看就再也看不到了。可能他们也是去找外星人的。随着一阵轰隆声，我们已降落在一个星球上了。我们又坐上了一列旅游车，开始了新的旅行。道路是曲折而漫长的，而且充满惊险。有的时候车子急速转弯，我感到非常紧张，我几乎要被摔到车外去了。忽然我又觉得掉进了无底的深渊，我都觉得受不住了，这使我想起法国科幻大师儒勒·凡尔纳的《地心游记》中的描写。要去探险，就要有克服困难的精神，何况我们是去找外星人呢。又过了好久，我们走出了一个山洞，眼前一片明亮，一片光彩，我们看到的是万紫千红的花的世界。但是，这些花，我们在地球上从没有见过，真是奇花异草，比热带雨林中的植物还要大，还要鲜艳。忽然有人叫了起来："快看，那不是外星人吗？"我赶快朝那边望去，果然有几个奇形怪状的外星人。我和旁边的人说："这哪像人呢？只是一头怪物！"他立刻反驳我说："因为你是地球人，所以你看见他会感觉很古怪，反过来说，在外星人的眼里，我们不也是怪物吗？"他的话很有道理，我们看地球以外的生物，不能用地球上的一切去比较，因为那是地球外的生命。旅游车走得很快，我抓紧时间拍了一张外星人的照片，让大家看看，这是我亲手拍的照片。又经过了漫长而曲折的旅途，我们终于回来了，我们仍旧回到了地球上的美国，地点在东南部佛罗里达州奥兰多的环球电影城。

原来这是一次科幻旅行，不过我觉得这一个小时是那么的真实，真是一次奇妙的旅行。

寻找"火星人"的故事

在太阳系里，除了地球以外，到目前为止还没有在别的行星上找到生命，更不用说有人类了。

在 20 世纪 30 年代，人们曾经认为火星上也有人类，因为有许多天文学家观测到火星表面上有纵横交错的线条，有些科学家猜想那是火星上的运河，那么多、那么长的运河一定是"火星人"开发的，而且"火星人"很聪明，他们有很高的科学技术，要不然怎么能兴建如此巨大的工程呢？于是，在许多书上出现了"火星人"的画像，头部特别大，据说是脑部最发达。一时"火星人"的事就在地球上传开了，甚至出版和拍摄了《大战"火星人"》等科幻小说和电影。但是 1976 年 7 月，从地球上发射的"海盗号"宇宙飞船在火星上降落了，这是人类的使者第一次降落在火星上。那艘飞船是无人驾驶的宇宙飞船，带去了一个自动化的实验室。它能把火星表面的东西挖起来，送到这个小实验室中化验火星上的物质组成，然后把结果通过无线电技术传送回地球。人们耐心等待着传回来的消息，这消息还是很复杂的，它包括火星表面的自然环境和物质组成，但是最后归结成一句话："火星上没有找到生命物质。"当然更不会有人了。从此"火星人"的幻想破灭了，"火星人"已经成为一个历史名词。可是寻找"火星人"的活动并没有结束，因为人们又找到了别的证据。

飞到火星上去的宇宙飞船还拍摄了许多火星表面的很清楚的照片。从照片上看，火星上有许多古老的河道，虽然没有水，可是那肯定是过去火星河流的遗迹。什么时候火星上有过水？现在那些水到哪里去了？是被蒸发掉了，还是流到火星的地下去了？这些问题到现在还没弄清楚。

火星风光

人们还推想，水和空气都是生命生存不可缺少的条件。既然火星上有空气，而且有过水，那么生命很可能在火星上出现过，甚至现在还有，不过转移到地下去了。这些还要等下一次飞到火星上去侦察。

问题还不止这些，有人又在火星表面的照片上发现了巨大的人类头像，那是巨大的石块，但很像是人工雕刻成的石像，类似我国大同云冈和洛阳龙门等地的石像。这又该怎样解释呢？要没有"火星人"，又哪里来的那些石像呢？这又给"火星人"的存在带来了可能的证明。但是也有人说，这是在火星表面特定的光线照耀下的巧合，不是真正的人工雕像。这种说法好像更为科学。

最近，有的美国科学家研究了从南极洲找到的陨石，据说可能是从火星飞来的陨石，他们说陨石中有原始生命物质，但这只是一家之说。

├ 在太阳系的外面

在太阳系的外面是千千万万颗恒星世界。我们的太阳只是银河系两千亿颗恒星当中的一颗恒星。银河系好像一个大圆饼，它的直径大约有 10 万光年。在宇宙间像我们这样的银河系又有多少万万个。在这么辽阔的宇宙中要找外星人，真是好比在大海中捞针一样。星星离我们有多远，银河系到底有多大，我们可以打个比方：地球到太阳的距离为 1.5 亿千米，这个距离叫作一个天文单位，如果把一个天文单位（也就是 1.5 亿千米）比作一页纸那么厚，那么最近的恒星和我们的距离就有三层楼那么高，咱们的银河系就像一座山那么高，远方的银河系就有几千万千米那么高。你想想星星真是太远了，宇宙真是太大了。这么遥远的距离，我们现在还没有办法坐上宇宙飞船去，现在有人驾驶的宇宙飞船只能飞到月亮上去，月亮离我们只有 38 万多千米，所以想要找太空人还得想别的办法。

如果有外星人，有地球外的文明世界在用无线电接收我们的广播信号，距离不会超过 70 多光年。因为大功率广播是近六七十年才有的。

也有人相信，如果有外星人发来的电波从星空传来，如果频率合适，方向吻合，我们就可以和地球外的生物交换信息。

1960 年，美国有人对着鲸鱼星座十五星（t 星）和波江星座五星（ε 星）收听从它们那里可能传来的消息，它们距离地球大约都是 27 光年。他们用 21 米波接收，这是宇宙间最多的氢发射的谱线，结果没有收获，接着美国和苏联又有人继续这个工作，并且给外星人发出了一份电报："远方的知音，你们并不孤独，请加入我们银河系的俱乐部吧！"后来还用 305 米直径的射电望远镜监听天外来音，据说这架仪器可以接收到银河系中任何地方用同样仪器发来的信号。如果银河系里有社会组织的话，我们地球就可以参加到这个银河系俱乐部中去。这要比地球上的联合国大得多。可惜仍然是音信渺茫。

现在虽然还没有找到地球外的生命，但我们坚信地球人不是孤独的。

美国哈佛大学生物学教授、诺贝尔奖获得者沃尔德说过："我们生活在一个可以居住的宇宙里，到处都有生命，是没有疑问的。"

德国火箭专家冯·布劳恩也说过："我认为，在无穷无尽的太空中，不仅有动植物，而且还有智慧的动物，是绝对可能的，我甚至确信这一点。"

美国波士顿的天文学家贝伦德教授的观点是：对外星人来说，问题已经不是假设而是在哪里。这些各种各样的生命，也许有一些比我们地球上的科技更进步。

我们还要打破传统观念，外星人不一定像人，为什么一定是地球人的样子呢？

可以设想在我们的银河系中，每 10 万颗恒星当中有一个像我们这样的太阳系，也有一个行星上有生命，那么银河系中就有 200 万个有生命的行星。而在千千万万个星系中又该有多少万万个太阳系和有生命的行星呢？这真是一个巨大的天文数字。

通过射电望远镜的观测研究，过去以为什么也没有的宇宙空间中有许多构成生命的有机分子，如氨（NH_3）、氰化氢（HCN）、甲醛（$HCOH$）与水（H_2O）的分子几十种，我们把它们叫作星际分子。它们都含有基本化学元素：碳、氢、氮和氧。这些元素在我们知道的有机物里占 99％。这些星际分子叫作"生命的先兆"，它们在强烈辐射或放电的环境里，便可变成生命的基础的"氨基酸"，它是含有氨基（NH_2）的有机酸，是组成蛋白质的基本单位，而生命就是蛋白质的存在方式。星际分子是在 20 世纪 60 年代发现的，特别是氨基酸的可能存在，把天体演化与生命起源联系起来，为生命起源的研究提供了新材料，这就更说明了生命是宇宙里的普遍现象。

├ 从"先锋号"到"旅行家"

在 20 世纪 70 年代，为了探测那些大行星木星、土星以及远行星天王星和海王星等，美国先后发射了四个行星探测器。它们都是在探测完成后继续飞行，将飞出太阳系，飞向那茫茫的恒星世界，最后的归宿很难预料。

1972 年 2 月 3 日发射了"先锋 10 号"，1973 年 4 月 6 日发射了"先锋 11 号"。它们在飞近木星和土星的时候都进行了探测和摄影，给地球传回大量资料。同时，这两艘先锋号飞船还带有地球人给外星人的问候信。

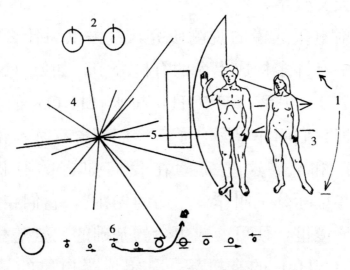

"先锋号"宇宙飞船带去的地球人信件

这封信是很特别的，因为不知道这封信在什么时候会落到什么星球上的外星人手里，不知道他们使用什么文字和语言，所以这封信就需要人家能看懂，或者说能看懂一部分。这封信的发出和计划，主要是由美国著名的行星专家卡尔·萨根主持和设计的，他也是最热心于搜寻地外文明的人。信是由特殊的铝板制成的，就是几亿年也不会变形和变质。在铝板上，地球人向外星人作了自我介绍（和图片对照），大概的意思是说：我们是地球上的人（男人和女人），地球就是从太阳（左下的大圆）数起第三个行星，特别用箭头标出来。我们是委托"先锋号"宇宙飞船通过那条曲线，穿过木星和土星之间飞出太阳系的。在我们身后就是这艘飞船的图案，飞船飞向遥远的星空世界（左面的许多交叉的线条）。地球人的信就是这样完成的，什么时候能被别人收到，收到后又能看得懂而且还能够发射来回信，那就只有等待未来的消息。但是这件事表明了我们坚信是有外星人的。

两艘"先锋号"宇宙飞船把地球人的信带走以后，1974 年 11 月，人们又利用巨大的射电望远镜向武仙星座著名的球状星团（编号 M13）发去了地球人的信息图形。它们是由方块积木图案组成的。主要内容是：二进制数学 1～10 的编号，原子序数，遗传因子 DNA 的化学结构，地球人的样子、人口、身高，太阳系图以及射电望远镜的形状等。当我们的信号传到球状星团 M13 以后（这要经过 2.5 万年，因为它离地球 2.5 万光年，电和光的速度一样，传到那里的电波也要 2.5 万年），假定有外星人收到、翻译出信

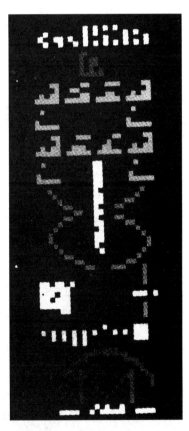

给外星人发出的信息图形

号时，也许他们要给地球人发一封电子信件，那也要 2.5 万年。所以来回一封信要费 5 万年的时间，谁知道将来会

有什么结果？我们只能在此记下一笔，作为给后代子孙的备忘录。

送给外星人的唱片

1977 年 8 月 20 日，"旅行家 1 号"宇宙飞船升空了。它在 1979 年 7 月 8 日飞过木星，1981 年 8 月 27 日飞过土星，1986 年 1 月 30 日飞过天王星，1989 年 8 月到达海王星区域，离地球约 43 亿千米。"旅行家 2 号"是在 1977 年 9 月 5 日发射的。它们都肩负着同样的使命，都是去考察大行星和远行星的，都给我们传送回这些行星极为丰富美丽的照片。但是这里我们要谈的是地球人委托"旅行家 1 号"带给外星人的喷金铜唱片。

这张唱片收录着 60 种语言的问候的话和一对鲸鱼在海洋中的热诚呼叫，另外还附有一些人类制造的器具和艺术品以及人类活动的照片，还录有许多优美乐曲。这张唱片所收录的语言和乐曲，就是经过 10 亿年后，也不会受到损伤或变形，所以总有一天会传到外星人手中的。卡尔·萨根还专门为这一不寻常的事件写了一本书《地球的耳语》，详细说明唱片的内容。

这张唱片直径有 30.5 厘米，里面录有当时美国总统卡特签名的给外星人的一份电文，全文是：

这是一个来自遥远的小小星球的礼物，它是我们的声音、科学、形象、音乐、思想和感情的缩影。我们正在努力使我们的时代幸存下来，使你们能了解我们生活的情况。我们期望总有那么一天能解决我们面临的问题，以便加入到银河系的文明的大家庭里来。这个"地球之音"是为了在这个辽阔而令人敬畏的宇宙中寄予我们的希望、我们的决心和我们对遥远世界的良好祝愿。

在卡特电文前面有一段说明：

"旅行家 1 号"宇宙飞船是美国制造的。地球上住着 40 多亿人，我们是其中的一个国家，有 2.4 亿人口。我们人类虽然还分成许多国家，但这些国家正很快地变为一个单一的文明世界。我们向宇宙发出的这份电文，它大概可以保存 10 亿年。到那时候，我们的文明将发生深远的变革，地球的表面也可能发生巨大的变化。在银河系 2000 亿颗恒星中，有一些，也许有许多，可能是人居住的行星和文明世界。如果这种文明的人类截获到"旅行家"宇宙飞船，并且能懂得这些记录的内容，那么这就是我们的电文。

当时的联合国秘书长瓦尔德海姆口述的录音是：

　　作为联合国的秘书长，一个包括地球上几乎全部人类的 147 个国家组织的代表，我代表我们星球的人民向你们表示敬意。我们走出太阳系进入宇宙，只是为了寻求和平和友谊。我们知道，我们的星球和它的全体居民，只不过是浩瀚宇宙中的一小部分。正是带着这种善良的愿望，我们这样做了。

　　在大约 60 种语言的问候中几乎包括了世界上所有的语言，当然也有汉语，甚至包括广东方言、福建方言等，这是由于在美国的华侨很多是从广东和福建去的。唱片还录有地球上自然界的各种声音，风声、雨声、呼唤声、哭笑声、海涛狂啸、火山轰鸣，以及许多动物的声音。当然还应该包括人类创造的文明的声音，有许多世界名曲，贝多芬和许多大作曲家的乐曲都收罗在内。还有中国的京剧和古曲《高山流水》。

　　总共两小时的唱片却要包罗万象，而且古今中外都要有，也就是说尽可能地把地球和人类有代表性的东西都录进去。好像一个人将要出发到一个一去不回的孤岛上去，临走时在自己有限的皮箱里能尽量装得下的东西，这些东西不但自己能使用，有一些还会使自己回忆起以往的生活和朋友、环境的东西……

自从有人类以来，我们都生活在地球上，我们看到的都是地球人，不论他的皮肤是什么颜色，不论使用的是何种文字，说的什么语言，总之大家都是地球人。随着科学技术的进步，我们越来越了解宇宙环境，才逐渐意识到地球只是太阳系中的一颗不太大的行星，宇宙间还应该有很多别的太阳系以及类似我们的行星。应该说，地球在宇宙间不可能是独一无二的，地球人在宇宙间也不应该是孤独的。我们应该有许多兄弟般的别的太阳系的行星和地球们；我们也应该有不少姊妹般的外星人类或其他生命和文明。因为只要有生命存在的条件，如空气、水和适宜的温度，生命就会演变产生而且演化发展。只是因为宇宙十分辽阔，人类的科技能力还很有限，所以对外星人和地外文明的探索显得那么薄弱无力、进展缓慢。在人类历史的整个过程中，与外星人的接触可能是最重大的事件之一。一旦与外星人会见，那很可能使人类的文化、历史、科学发生很大的变革。如果和外星人不但会面，而且可以互相来往，那对地球人的影响就更大了，这种事到底什么时候发生，谁也无法预料。从一般的情况来说，这一天不会太早，或许还非常遥远。但愿奇迹能够出现在你们这一代。

同时我们还应该提出另外一个更为重要、更为现实的问题，那就是积极行动起来，保护我们的地球，爱护我们的家园，把她建设得更美好，用一个更加美丽的地球去迎接外星人的光临。

（以上各篇原载《飞上太空看星星》，知识出版社，1996 年）

天文台的日日夜夜

├─ 中国古代的天文仪器

天文学是研究日月星辰的科学，它需要以天文观测作基础。从我国有世界最早的天象记录这件事情上，看得出我们的祖先在天文观测上的勤劳和细致，因而我国天文仪器的制作也早就很发达了。

我国制造的天文仪器，历代都有。早在汉武帝时（公元前 140—前 86 年），洛下闳就制造了浑天仪。后汉的张衡（78—139 年）又制作了灵巧的浑天仪，它能表演出和星空相符合的天象，实际上就是现代天象仪的原始模型。元代的郭守敬（1231—1316 年）更创造了简仪、候极仪、仰仪、日月食仪等 13 种仪器，比丹麦天文学家第谷所发明的同样仪器要早 300 多年。因为我国古代的天文仪器大多失传，遗留到近代的只有北京古观象台的 12 种（15 件），都是明、清两代的作品，它们已有好几百年的历史。其中浑仪、简仪等 7 件在 1931 年迁往南京，陈列在有现代天文设备的紫金山天文台。

现在陈列在北京古观象台里的我国古代天文仪器一共有 8 种。其中，有 6 种是清代康熙十三年（1674 年）制作的，它们的名字是：大体仪、象限仪、黄道经纬仪、地平经仪、纪限仪和赤道经纬仪；一种是康熙五十四年（1715 年）制作的，就是地平经纬仪；一种叫玑衡抚辰仪，是乾隆九年（1744 年）制作的。这些仪器虽然都是清代的作品，但它们是继承祖国的传统而来，说明了我国古代天文仪器制作的成就。它们都是用来测定星体在天空中的位置的（用角度来表示），从科学原理上说来，现在仍然是正确的，只是比不上现代天文仪器所能达到的精确度。从艺术上说来，它们都是铜器中精美无比的作品，驰名于世。以上特点充分说明了古代中国在科学和艺术上的伟大成就。我们参观了这些仪器之后，会受到深刻的爱国主义教育。

这几种古代天文仪器简介如下：

天体仪　也叫作天球仪。中央是一个直径约 2 米的大铜球，代表天球（像我们看到的星空），球上刻着许多星球和星座的名字。球外有一个地平圈和一个直立着的子午圈。铜球可以转动，球的轴连在子午圈上，它的上方正指着天球北极（北极星附近）。球面上还刻有银河的轮廓、天球赤道、黄道和黄道上二十四节气的位置。把天球仪从东向西旋转，就像星空真实的转动一样，可以知道在某时某地天体出没的情况。

象限仪　它的主要部分是一个 90°的圆弧（即一个象限）和一个看星用的窥管。用来测定天体的高度，即地平纬度，所以它又叫作地平纬仪。观测时由上往下从圆弧的刻度上计算天体的高度，由下往上可以计算天体离天顶的距离。在象限仪的中央镶着一条飞龙，姿态非常生动。

象限仪

地平经仪　主要的部分是一个地平圈以及观测用的三根直线，线的末尾连接在地平圈上一个可以向四方活动的长尺上。观测时把三条直线和星对准，然后看长尺在地平圈上的角度，就可测定星球东西南北的方位角，也就是地平经度。

地平经仪

赤道经纬仪

地平经纬仪 它的上部就是象限仪，下半部就是地平经仪，所以它可以测定天体的高度，即地平纬度；也可以测定天体的方位角，即地平经度，所以它叫作地平经纬仪。

赤道经纬仪 它的构造和下面要讲的黄道经纬仪很相似，主要是用来测定天体的赤道经度和赤道纬度。平常我们就是用赤道经度和赤道纬度来表示恒星位置的。

黄道经纬仪 它有四个圈，最外面的子午圈不动，其他的三圈就可转动，最里面的两个连在一起的圈是黄道圈和黄道经圈。这个仪器是用来测量天体的黄道经度和黄道纬度的。黄道就是我们看到的一年中太阳在星空中移动的路线，实际上是地球绕太阳

黄道经纬仪

公转的反映。所以从黄道圈上可以测出太阳在黄道上的位置，这对测定节气和编历法有很大的用处。

纪限仪 由一个圆弧、一根杆和一个看星用的窥管组成。用来测量两星之间的角距离，因此也叫作距度仪。这个圆弧可以上下升降，也可以向四方旋转，这样就可以使弧面对准在任意方向的两颗星球，使要测量的星都在这个弧面上。然后用窥管和附在圆弧上的游表分别瞄准两星，这时窥管和游表之间的度数，就是两星相距的度数。

玑衡抚辰仪　这是清代最杰出的天文仪器,一共分三重,和别的仪器一样,圆圈上都刻有度数。有地平圈、赤经圈、赤纬圈等。中央有一个看星用的管子,管子内部的一端装有一个十字丝,就可以更准确地来测量天体在天空的位置。用它还能求出天体之间的赤道经度差以及天体的赤道纬度差。用起来比赤道经纬仪更加灵活。

(原载 1956 年 5 月 21 日《北京日报》)

古台蒙难百年祭

北京古观象台是世界上少有的历史悠久、保存完整的古代天文台,至今已有 557 年的历史。100 年前,它却受到帝国主义的抢劫破坏,古代仪器被瓜分抢走,有的甚至被运到国外,蒙难达 20 年之久。今年正是世纪更新之时,也是古台蒙难百年祭,不能不为文记之。

闻名世界的古台

在许多国家的书刊中,常常会看到北京古观象台的图片,其中最多见的,也是较为珍贵的一幅,是一位旅行家 1747 年来北京时所描绘的。它的标题是《北京观象台》,曾用德文、法文、英文等书写,台上只有 6 件仪器。1876 年在上海出版的《北京古天文仪器》一书中有浑仪和简仪的两幅精美的铜刻版画,尤为珍贵,它真实地记录了这两

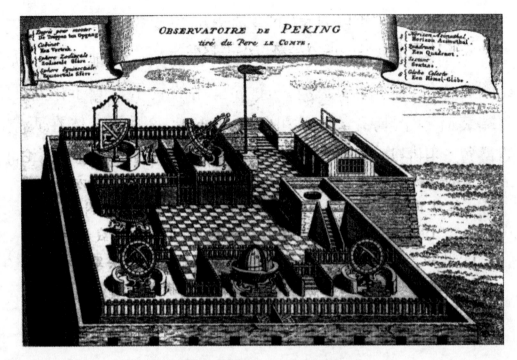

1747 年描绘的《北京观象台》

件著名的中国自制的古代天文仪器当时的布局和情况。1898 年德国出版的《天文学图册》中，也有浑仪和天体仪的图像。1923 年，英国出版了《天空壮观》这部空前的天文大书，第一面就是古观象台的照片。其他外国书刊中，古观象台的图照还有很多，不能一一列举。由此可见，古台早已扬名海内外。

古台蒙难百年

1900 年，八国联军侵犯北京时，古台未能幸免，蒙受了奇耻大辱。德、法两国侵略军强行瓜分古仪而去。关于这一重大历史事件，在很多书上都有叙述。现将德国黑白士（R. Sehwarz）所著的研究论文《德帝国主义对北京古观象台仪器的掠夺和归还》中的几段摘抄如下，更能证明这铁一般的侵略史：

陈列在德国波茨坦离宫的中国古代天文仪器（左为玑衡抚辰仪，右为浑仪）

镇压了中国人民的义和团起义以后，接着在占领和抢掠北京城的过程中，法国向联军统帅瓦德西提出申请，要求把北京古观象台的仪器运交法国。瓦德西说过这些仪器具有极高的艺术价值，它们的造型和仪器上的龙形装饰都是非常完美的，但经法国方面一提出申请，他就想至少要把其中的一部分作为战利品运往德国。

他在 1900 年 12 月 4 日有关这一过程的一段

记载的主要内容如下：11月初，在对公使提出的请求作出答复之前，法军的伏依隆将军来信要求将观象台的仪器移交。经过考虑衡量以后，我认为这仪器无疑是中国的国有财产，又在德军管区，可以看作战利品，公开提出时也可作为一种难得的战争赔偿来处理。据此德国占领军应该有优先权。但另一方面我也认为必须满足法方的愿望，因此决定这些仪器应该部分交德方，部分交给法方。

就这样，公开的、野蛮的掠夺开始了。德方抢走5件仪器，有天体仪、纪限仪、玑衡抚辰仪、浑仪、地平经仪。法国抢去的仪器有赤道经纬仪、黄道经纬仪、简仪、象限仪、地平经纬仪。上列抢劫行为发生在1900年12月。法国抢去的仪器被放在使馆内，1902年还给了中国。而德国抢走的仪器则于1901年8月装船运往德国，9月初运抵波茨坦，后来陈列在波茨坦离宫的草坪上。

重返古台的怀抱

德法侵略军掠夺中国古代天文仪器的暴行，激起了世界公愤。著名科学杂志《科学的美国人》为了记述这一事件，于1900年12月29日在纽约出版了一期增刊，并配有这些仪器的铜刻版画。德国的许多报纸也反对这种掠夺行为，纷纷发表抨击性文章。一直到第一次世界大战结束，中国代表团出席了巴黎和会，在会上强烈要求德国将古代天文仪器归还中国。最后，《凡尔赛和约》第 131 条中规定：德国应将所有公元 1900 年及公元 1901 年德军从中国掠夺之天文仪

《科学的美国人》增刊，封面图片左为地平经纬仪，右为玑衡抚辰仪

器，在本约签字后 12 个月内概行归还中国。

1920 年 6 月 10 日，德国抢去的这批古代仪器开始装船运往中国，途中在日本神户转口时还遭到日本的故意刁难，但最终于 1921 年 4 月 7 日运到北京，由荷兰驻华公使欧第克作为中介人把仪器交还给观象台，并按照观象台台长的要求，在德国使馆留守人员狄利的指导下把仪器安装复原。当时唯一的官方文件是观象台台方代表施国琛写给狄利的一封证明信：

经启者案奉　教育部令行本员接收由德运回
前庚子年本国天文仪器等件兹经跟同贵工程师将
该项仪器照式安置完全具见贵工程师办事妥惬本
员甚为满意此致狄利工程师

部派会同接收天文仪员（签字）（1921 年）五月六日

被德国掠走的天球仪、纪限仪

1921 年 10 月 9 日，复原后的观象台正式把仪器向有关方面的代表展出。

多灾多难的古代仪器

1921 年德国把抢去的 5 件古代仪器归还中国之后，古观象台保持了一段相当稳定的时光。1928 年，这里成为中国的第一座天文博物馆——国立天文陈列馆。但是好景不长，1931 年日本侵略军侵占东北后，华北已处于侵略战争的阴影之下，于是部分古代天文仪器南迁。1933 年，浑仪、简仪、小天体仪、小地平纬仪、晷表、两个明代漏壶迁往南京，1935 年安放在新建成的紫金山天文台。这次的古仪南运也费尽周折、历尽惊险，陈展云先生在他的回忆录中曾经有过评述。古仪在紫金山天文台安家还不到两年，抗日战争爆发，古仪又处于铁蹄践踏之下，横遭破坏。1945 年抗战胜利后，紫金山天文台古今仪器设备满目创伤，惨不忍睹。一直到新中国成立之后，古仪才得到修复。我曾经请无锡铜匠吴钟到紫金山天文台上修复古仪，那是1952 年的事。

毛主席在浑仪旁的教导

1953 年 2 月 23 日，毛泽东主席由陈毅副总理等人陪同，前往南京紫金山天文台视察。紫金山天文台张钰哲台长正参加中国科学院访苏代表团访问苏联，所以由孙克定副台长陪同参观，我也在旁担任解说。当我们走到浑仪旁边时，我介绍了这架著名的古代天文仪器蒙受的灾难和国耻的历史。毛主席听后语重心长地教导我们，不但应该把被破坏了的仪器修好，而且要把帝国主义侵略中国、掠夺和破坏古代天文仪器的事实向广大群众说明，进行爱国主义教育。几十年来，我们在普及中国古代天文仪器知识的时候，总是既讲它们的科学知识，又介绍它们的蒙难历史。当年，戴文赛教授和我合写了一篇《中国古代天文仪器》的文章刊登在《人民画报》上，同时第一次用彩色照片显示古代天文仪器的精美。后来，我发现这篇文章曾被译成多种文字，在国外出版的天文史著中作为文献引用。

古观象台的保护

1954 年，北京天文馆开始筹建，北京古观象台归北京天文馆的编制。1956 年"五一节"，古观象台以"北京古代天文仪器陈列馆"的名义正式向群众开放。同年 5 月 21 日，《北京日报》还用一整版篇幅介绍了古观象台和古代天文仪器。六七十年代在修建地铁时，有一种议论要把古台拆掉，但周恩来总理的批示为："保存古台，地铁绕行。"因而古台得以保留，而且成为首都乃至中国的一个重要的文化遗产和科学史博物馆。

北京古观象台上的天文仪器

古台由于历经战乱、年久失修，1979 年 8 月 16 日夜在雷鸣暴雨声中局部坍塌，引起国内外的注意。后来经过大修和改建，古台重获新生。1983 年春，古观象台以崭新的姿态重新开放，迎接众多的国内外贵宾和观众。

（原载《天文爱好者》2000 年第 1 期）

├─ 走进现代的天文台

我们在古观象台上看到的那些古代天文仪器都是用来测量星星在天空中的位置和移动规律的。如果你想把它们的表面看清楚一些，那就要用天文望远镜了。在现代的天文台里，都安装着各式各样的望远镜。

我国现代化的大天文台，有北京天文台、南京紫金山天文台、上海天文台、云南天文台、陕西天文台等。

探测宇宙的天文台，日日夜夜传递着星空中的信息。在天文台上，首先引人注意的是那一个个银白色的圆顶建筑。在圆顶室里安装着一架架的天文望远镜，它们像一门门指向天空的大炮，天文学家就是靠它们去探索宇宙的秘密。

用望远镜观测月亮和几颗明亮的行星，会给人们留下深刻的印象。没有别的天体像月亮那样能在望远镜中如此清楚明晰，月亮好像就在你的面前，连大小山谷都看得分明，有的山峰在初升的太阳照耀下，闪耀着光辉。在西方

紫金山天文台的圆顶窗

天空中，还可以看到明亮的金星。在望远镜里，它真像月亮一般，也有着圆缺的变化。木星和土星也是引人注目的行星，在木星的周围有四颗明亮的卫星，每天都能看出它们位置的变化；土星的美丽光环更是星空中的奇景……如果你把望远镜转向银河，便会看到那里有数不尽的星球。

但是，在天文台上最重要的还是用望远镜拍摄那些星球的照片，它可以帮助人们了解宇宙的构造和秘密。

用望远镜给星球拍照时，只要加长照相时间，就可以拍到更远更微弱的星球。天文照相有时长达好几个小时，天文学家还要从望远镜中监视要拍的星球是不是偏离了，因为望远镜要跟着地球转动。虽然有相当精密的仪器设备使望远镜有规律地转动着，但难免会出现误差。如果稍一疏忽大意，拍下来的照片就会走样。不论寒冬酷暑，天文学家往往要盯住望远镜中的星球，不停地做些微小的调整，一站就是好几小时。幸而现在有电脑和电子仪器帮助，使观测者轻松了许多，而且能得到更好的效果。

我国近几十年来已经发现了不少小行星。通常，天文学家都要从天文望远镜拍得的照片中去查找小行星的踪迹，找到新的小行星以后，还要精密测定并计算出它们运行的轨道。紫金山天文台观测小行星的工作是很有成绩的，中外驰名。现在人们很担心接近地球的小行星会撞击到地球上来，造成毁灭性的灾难，所以小行星的观测研究就有了更新的意义和使命。

我们还可以看到有人在望远镜中观测或拍照变星。变星是光度有变化的恒星，研究它们对研究恒星的性质、演化以及了解宇宙的构造都有价值。

天文望远镜还可以拍摄天体的光谱，就是用一种分光仪把太阳光或星光分解成彩色的光带。我们从拍摄的光谱底片上可以看到一条条的细线，而天文学家通过对光谱的分析，就像翻译星星的语言一样，能知道遥远星球的化学成分和物理情况。

天文学家在每一个晴夜，都有他们的观测计划。他们珍惜每一分每一秒，因为天文观测是有时间性的，有很多观测是不能重复的，只能在某一个夜晚，甚至只能在短暂的时间内进行，一转眼，这个要观测的现象就消失了。要是在观测中天气突然变坏，天空云雾遮蔽，这对天文学家来说是最大的不幸。不过现在有了射电望远镜，不论晴天和阴天都能进行天文观测。当然，射电望远镜观测的是天体发射来的电波，和那些玻璃镜头组成的光学望远镜所观测的光波是不一样的。

还有的观测室中，有一架不大的望远镜，只对准南北方向的子午圈上的星空进行观测，那就是子午仪，它们是用来精确测定恒星位置和校准时间的。我们平常从广播中听到或从电视上看到的时间信号，都是从天文台发送出来的。因为地球好比是一架精确的钟表，地球的自转我们看不到，只看到天上的星星在转动，所以要得到精确的时间必须观测星空。最现代化的钟表叫氢钟，它是最准确的钟表，在几十万年中才可能差 1 秒钟。

当东方天空出现黎明的曙光，天文台圆顶的天窗都先后关闭了，夜晚观测的工作人员才开始休息。

├ 白天的天文台工作

天文学家并不都是在夜晚工作的，在白天同样有许多事情。在图书馆、研究室、计算室和实验室里，都可以看到他们在忙碌着。往往一个晚上观测到的结果，需要更多的时间进行测量、计算、整理和研究。

过去，大量的计算工作要靠对数表、三角函数表等工具书以及计算尺的帮助。后来发明了手摇计算机就好多了，你会在计算室内听到"哗啦、哗啦"摇动计算机的声音。后来电动计算机制造出来了，只听见电动机转动的声音。

电脑（电子计算机）诞生以后，彻底改变了天文计算的繁琐，加速了天文学的发展。比如说，对未来 1000 年中行星的位置、月球的位置和日食、月食发生的精确时刻表，都需要大量复杂的计算，但是有了电脑以后，用不了多少时间就计算出来了，而且准确无误。在天文计算"车间"里，产品都是数字，这些数字说明了宇宙间的规律和性质。

在图书室里，有的人在看书、找资料，做研究工作；有的人埋头在许多的星表（记录星星准确位置的表）和星图（描绘星星位置的图）中，为夜晚的观测做准备。

照相暗房的门窗紧闭，门口有红灯照亮的几个字："正在冲洗，请勿入内！"因为，昨晚的辛勤观测和摄影，全要看底片冲洗的结果。

在实验室里，安装着各种精密的测量仪器。天文学家们正在对观测的资料进行精密测量。他们用坐标量度仪测量底片上恒星的位置，求得谱线的波长，研究天体的情况。他们用光度计测量照相底片上星象的浓淡，定出天体的亮度，他们用自动记录的测微光度计在纸上描出光谱各部分的光度曲线，测出恒星的温度。另外，还要用闪视镜来比较两张同一星区的底片上星光强度的变化和位置的跳动，找出变星、彗星和小行星。

在历算研究室里，正在编算各种天文年历，有航空历、航海历、测量用历等。要知道飞机在天空、轮船在海洋、人造卫星在太空的情况，以及测绘地图、预报海岸的潮汐涨落都离不开天文年历。天文台还要编算历书资料，这样才能编印出各种日常用的挂历、台历和历书，这和每个人的生活、工作有密切关系，对各行各业都是必不可少的服务。这么重要的历书可不是随便编制的，都是根据地球运动规律来计算的，太阳、月亮的出没，二十四节气的确定，还有什么时候发生日食和月食等，都需要在天文台进行计算预报。

就是在白天，天文台仍然要进行观测。有些望远镜是专门观测太阳的。太阳是离我们最近的恒星，太阳上发生的一切变化，都对地球上的自然现象有着直接的影响，所以研究太阳，不论是从实用的角度，还是对研究宇宙天体，都是十分重要的。天文台对太阳黑子活动的观测也很重视，还要拍摄太阳活动的照片和影片，这些观测资料对通信部门、航天部门都有参考价值。在太阳黑子多而且大的时候，就会发生磁爆，无线电通讯就要受到影响。

一架架的射电望远镜，不分昼夜地对太阳和其他天体进行射电观测，以对从不同的星球和方向射向地球的无线电波进行分析。这是从另一扇更为广阔的窗口去瞭望宇宙。

太阳西沉，当晚霞还在辉映的时候，天文台的圆顶又开始转动，天文学家们又在准备夜晚的观测了。

参观我国的天文台

中国是世界上天文学发展最早的国家之一，我国古代在天文学上对世界有过许多贡献，这是全世界都公认的历史。那么，在 20 世纪，我国天文学研究进展的情况怎样？我国的天文台都在什么地方？让我们一道去参观一下我国的天文台吧。

紫金山天文台

我们来到了风景秀丽的南京紫金山，这里有一座紫金山天文台。它是我国自己建成的第一座现代化的天文台，在世界上也是很有名气的。1934 年，这座天文台建设完成，安装有当时亚洲最大的反射望远镜，镜面直径为 60 厘米，主要用来观测和研究恒星；另外还有 20 厘米的折射望远镜和别的一些天文仪器。但是建成以后不久，日本帝国主义发动了全面侵略中国的战争，并且占领了南京，紫金山天文台遭受了极大的破坏。一直到中华人民共和国诞生

紫金山天文台

以后，紫金山天文台才获得了新生，才得到了很大的发展，为祖国和人民作出了许多贡献。

我们到达天文台以后，就被它的风光和建筑深深地吸引住了。露天陈列的有世界著名的古代天文仪器，一架叫作浑仪，一架叫作简仪，它们都是在明代正统二年（1437年）用铜铸造成的，有很高的科学和艺术价值。

紫金山天文台是综合性天文台。这里最大的圆顶室内安装着当年亚洲最大的反射望远镜，它在战争中被破坏得不能使用，新中国成立后，它的创伤才医治好，被用来进行恒星和遥远天体的研究。我们走进另一个圆顶室，这里有一架口径 40 厘米双筒天文望远镜，其实它就是一架巨大的天文照相机。天文工作者用它拍摄了许多天文照片，从照片上发现了许多小行星。紫金山天文台还有一架太阳望

简仪

远镜，每逢晴天都要对太阳进行仔细的观测和拍照。1964年装设的口径 43 厘米的施密特望远镜，经常用来观测人造卫星。这里也开展射电天文学的观测和研究工作。为了更好地进行观测，天文工作者还在我国西北青海省德令哈建立了一架很大的射电天文望远镜。紫金山天文台还是我国历书的编算中心，不论是科学应用上使用的《中国天文年历》，还是一般生活中必不可少的日历，都是紫金山天文台编算的。什么时候发生日食和月食，也都由紫金山天文台计算公布。

紫金山天文台还可以说是新中国天文事业的摇篮，因为由它培养的许多天文学家，后来都成为我国其他天文台、天文站、天文馆的骨干力量。

北京天文台

这是新中国成立以后，我国自己建设起来的第一座天文台。它成立于 1958 年，是由几个观测站组成的。

最大的一个观测站在河北兴隆县，离北京有 100 多千米。观测站建立在一个高度近 1000 米的山上，这里不但晴天多，而且对星星看得更清楚，真是一个观测天文的好地方。在这里主要研究天体物理学，有好几台大望远镜。在一个观测站里装备着这么多的大望远镜，在全国数第一。我们走进一座 4 层楼高的圆顶室，看到一台很大的望远镜，它的反射镜面的直径有 2.16 米，是我国自己制造的最大的望远镜，也是亚洲东部最大的天文望远镜。用它可以拍摄到遥远的星系世界，可以拍摄到非常暗的天体。它是在 1989 年 11 月安装完成的，这是新中国科学发展道路上的一件大事。过去，像较大的天文望远镜，都要到国外去购买，但是新中国不但能自己设计建造许多很好的天文台，而且还能自己设计制造大的望远镜和其他天文仪器。南京是我国天文仪器研制中心，在这方面做出了许多贡献。北京天文

2.16 米反射望远镜

台的 2.16 米大望远镜，就是由南京天文仪器厂研究制造的。

北京天文台在密云水库附近建立了一个射电天文观测站，主要进行太阳射电和宇宙射电的观测研究。28 面口径 9 米的射电望远镜一字排开，总长度有 1164 米，不但展示出这排射电望远镜的壮丽面貌，也显示出中国天文科学前进的坚定步伐。

如果我们来到北京的怀柔水库，会发现靠近水库北岸仿佛有一个小岛，小岛上有一座形态优美的建筑，远看像

一座跳水的高台，其实那是北京天文台的太阳观测站。站上开来一只小艇把我们接到那里，那高耸的太阳塔在水中的倒影，再加上山光水色，真使我们看到一幅美妙的自然景象。如果没有太阳光照耀的话，那么这一切都会消失在夜幕中。而这里，正是要观测和研究与我们人类关系最密切的太阳。太阳不过是宇宙间千千万万颗恒星中的一颗，但它是抚育大地和人类的母亲，我们一天也离不开太阳，所以观测研究太阳是最重要的天文学研究的课题之一。我们登上几层楼以后，那个圆顶室慢慢开动了，一架太阳望远镜从轨道上推了出来，瞄准了太阳，细细观测它的动态。我们从另一台接收器上看到太阳黑子，看到太阳表面的细微结构，有时还会看到喷发出来的几万千米高的太阳火焰。这个观测站和万里以外的美国大熊湖太阳天文台有电话联系，交流观测情况。听天文台的人告诉我们，这个太阳塔的工作在世界上也是很有名的，我国天文学家在太阳望远镜的设计和制造方面已经走在许多国家的前头。不但这样，天文学家还计划把研究太阳的仪器发射到太空中去，从太空中去看太阳，没有大气的干扰，要比从地面上看到的太阳更清楚、更深入。

在夕阳西下的美景中，我们告别了这个奇特的天文台。我们对这些远离城市为科学献身的天文学家，表示衷心的钦佩。

上海天文台

我们来到上海天文台本部，它在上海徐家汇。但是我们在这里没有看见天文台银白色的圆顶，只看见实验室里一排排的看也看不明白的科学仪器，原来这里的主要工作是研究原子时。这里的原子钟非常准确，也可以说是非常精确，在几十万年时间内也不会偏差 1 秒钟。这么精确的时间在现代高科技领域中是十分重要的，我国在这方面的研究工作也走在世界的前列。

离开徐家汇大约几十公里，我们来到一座不高的小山。它叫作佘山，上海天文台的佘山观测站就设在这里。这里的主要天文仪器是直径 40 厘米的双筒折射望远镜和口径 1.56 米的反射望远镜。这架 1.56 米的反射望远镜也是我国自己制造的，在 1994 年彗星撞击木星的观测中收到很好的效果。这里还有我国自己制造的 60 厘米人造卫星激光测距仪，它能用发射的激光束去测量人造卫星的距离。这个观测站还有一台直径 25 米的射电天文望远镜，天文工作者用它仰望太空，探索宇宙的秘密。上海天文台所进行的天文地球动力学的研究需要联合其他国家的天文台合作观测研究，才能对地球的动态了解得更清楚。

云南天文台

位于昆明东郊的云南天文台是我国最靠南的一个天文台，它也是新中国建立起来的一个全新的规模宏大的天文台。我们在地球上南北不同的地区所看到的星空是不同的，有些靠南的星星在北方看不到，因此，在我国南方地区设立一个天文台是很必要的。云南天文台是设立在我国南方的独一无二的大天文台，设备比较齐全，建筑形式优美。它的主要设备有直径 1 米的反射望远镜、50 厘米的天文大地测量自动照相仪、40 厘米的太阳光谱照相仪，还有厘米波段太阳射电望远镜等。这里的主要工作有太阳活动的观测研究、人造卫星运动的研究，以及恒星物理的研究。这里还建立了一个专向广大群众开放的普及用天文台，让一般人也有机会亲眼看一看望远镜里的星星是什么模样。

1980 年 2 月 16 日，有一次日全食的现象可以在昆明地区看到，云南天文台对于观测这次日全食做了不少工作。1985 年到 1986 年期间，著名的哈雷彗星又回来了，云南天文台也拍摄了许多有价值的照片。1994 年 7 月，云南天文台成功地观测了彗星撞击木星的宇宙事件。

（以上各篇原载《飞上太空看星星》，知识出版社，1996 年）

通向宇宙的窗口

├─ 它使星光洒满人间

——纪念天象仪诞生 60 年

天象仪从 1923 年诞生以来，已经走过了 60 年的历程。它的诞生导致了天文馆的出现，使天文普及事业走上了蓬勃发展的新时代。天象仪的性能和品种的发展以及天文馆的建设和分布，使天文普及工作的方式和规模产生了根本性的变革：由平面变为立体，从静止转成动态，把抽象费解变为形象易懂，从单纯讲述转成综合星空表演，对于天文学的成长和发展也起了相当大的推动作用。

奇特的订货

为了探讨宇宙的奥秘、演示天文现象，一些国家曾设计和制作过多种演示宇宙构造和天体运转的仪器——浑天仪、天球仪、行星仪、三球仪等，但是这些仪器只能演示局部的有限的天文现象，也只能让少数人观看，远远不能达到向广大群众进行科普教育的效果。

80 年前，德国海德堡天文台沃尔夫台长建议，希望在慕尼黑德意志博物馆中建造一个让众多人观看的、以地球为中心的天球模型。于是，这个博物馆的创始人和第一任馆长密勒便向德国耶那的蔡司光学工厂提交了一份订货单，他要求为这个博物馆制造一个表演"人造星空"的仪器。

蔡司光学工厂专门制造各种精密的光学仪器，但是对于这份奇特的订货单却感到为难，只得答应要进行研究后才能确定。

过去曾有人设计制造过各种各样的人造星空，但都使人感到笨重和虚假，都不成功。怎样能制造一个真实、精确而且看起来又舒服又自然的人造星空呢？不但要有星空，而且还要使日月星球能有规律地运转，达到科学教育的目的，这就是蔡司工厂要研究和解决的中心问题。

1919 年 3 月，主持设计人鲍尔斯·费尔德博士反复思考之后，确立了设计的总原则：要制造一具放映式天象仪，把仪器放在一个固定不动的圆顶室的中心，把星空放映在半球形的幕布上，仪器转动时，星空的运转也就出现了。这是一个全新设想，但是怎样来实现这个设想呢？

鲍尔斯·费尔德

一张张的图纸、一页页的计算纸越堆越高，时间一天天地过去，鲍尔斯·费尔德和许多技术专家、工人共同努力，用了将近 5 年时间，终于制造成功世界上第一架放映式天象仪。

耶那的奇迹

1923 年 8 月，在蔡司工厂的屋顶，建立了一个临时的半球形放映室，圆顶直径 16 米，成千上万的人来这里参观前所未有的人造星空表演。室内鸦雀无声，只见灯光渐暗，星空出现，这里是北斗七星，那里是天鹅天鹰，银河跨天，新月西沉，人们对这样优美逼真的人造星空赞不绝口。忽而仪器转动，眼看恒星东升西落，行星来回奔走，在静"夜"里只听见仪器转动时低微和谐的马达声。虽然放映室不大，但人们并不觉得是在室内，而是站在自然界的星空下面仰观宇宙，星星仿佛在深远的天空中放射光芒。甚至连设计者本人也没有预料到有这么奇妙的效果。

第一架蔡司天象仪主要由一个直径 50 厘米的恒星球和一组放映日月行星的笼架组成。恒星球上有 31 个放映镜头，除了南天极附近一小部分天区以外，可放映出其他天区肉眼能见

耶那的奇迹

的 4500 颗恒星。球心是一盏 500 瓦的放映灯泡。通过 31 张星片，就像幻灯那样，把 31 个区域的星星放映到天幕上组成完整的星空。另外的一些镜头放映日月行星、银河、星座名称。为了不使星光扫地，还在仪器周围用布帘遮挡。

放映式天象仪的诞生，也就是天文馆事业的诞生。从此，天象仪越造越好，天文馆越建越多，布满全球各地，把星光洒遍人间。

最初的这种蔡司Ⅰ型天象仪只做了两台，分别安装在德国慕尼黑和荷兰海牙。

精巧的大型天象仪

蔡司Ⅰ型天象仪虽然很好，但还有缺陷，只能演示在北纬 48°地区看到的星空，需加以改进。蔡司工厂请威利格尔主持，又用了一年半的时间，在 1925 年制造成功了有对称结构的大型天象仪。这台天象仪由两个恒星球和中央笼架组成，好像哑铃的形状，可以演示地球上任何地方所能看到的星空。这样，天象仪的基本结构和形态确立下来了，后来尽管制成了各类的大、中型天象仪，但仍没有超越过这种基本结构和形态。

蔡司Ⅱ型天象仪，到 1939 年共生产 25 台，分别安装在欧洲、北美和亚洲的 25 座天文馆内。

第二次世界大战以后，蔡司工厂分成两个厂，除耶那的原厂属民主德国外，在联邦德国的奥伯考亨的蔡司工厂也逐步建立。他们分别进行大型天象仪的改进和生产，先后制造了 Ⅲ 型（1934 年）、Ⅳ 型（1957 年）、Ⅴ 型（1967年）和 Ⅵ 型（1968 年）。从附图中可以看出它们的形象。

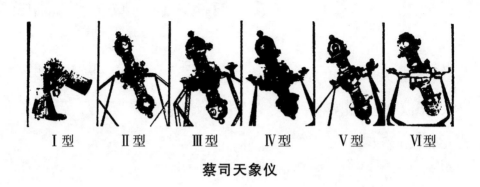

Ⅰ型　　Ⅱ型　　Ⅲ型　　Ⅳ型　　Ⅴ型　　Ⅵ型

蔡司天象仪

　　蔡司天象仪用光学、电器、机械的技术真实地放映出肉眼看到的天文现象，所依据的天文学原理是哥白尼的太阳中心学说和开普勒的行星运动三定律。

　　用蔡司天象仪可以放映出地球上任何地方能看到的星空和星空的运动，并且把运动的时间大大地缩短了。

　　人造星空异常地逼真和准确，在上下五千年中，行星的位置只有 1° 的误差。

　　用最新式的天象仪不但可以演示在地球上看到的星空，而且可以像宇航员那样，能够看到地球之外和在别的星球上看到的宇宙景色。新式天象仪还可以演示星空前后 65 万年的变化。天象仪真可以说是能够"天旋地转映星空，扭转乾坤探宇宙"的巧夺天工的仪器。

　　具体说来，完美的大型天象仪可以放映的项目有：太阳（日晕和对日照）、月亮、五大行星、1858 年的多纳提

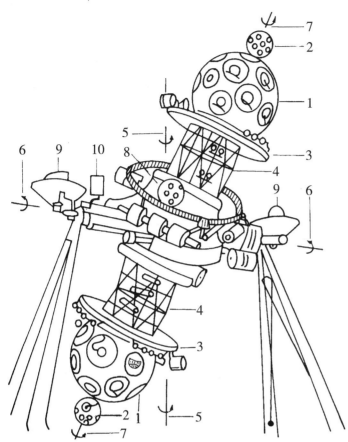

1. 北天和南天恒星球
2. 星座图形放映器
3. 亮星、变星、彗星、
   银河放映器
4. 日月行星放映笼架
5. 周日运动
6. 极高运动
7. 岁差
8. 天球坐标放映器
9. 黎明黄昏放映器
10. 云彩放映器

Ⅵ 型蔡司天象仪结构图解

彗星、人造卫星、亮于 6.5 等的恒星 8900 多颗，17 个星团和星云、3 个变星（仙王座 δ、英仙座 β、鲸鱼座 o）、银河、星座名称、黄道两极的岁差刻度盘（一周 2.6 万年，每格 1000 年）、地平圈（两条与地平圈成 6° 与 18° 的平行圈）、民用和天文的晨昏蒙影、子午圈用以表示天极高度和天球赤道高度以及恒星和太阳的中天高度、天球赤道坐标网、黄道、天极标记箭头、平均太阳、航海三角、时角刻度、年代指示等。星的亮度可以增减，室内的明暗（天色的明暗）也可随意调整。

大型天象仪可以演示的各种天体的运动主要有：周日运动（天体的东升西落）、周年运动（日、月、行星的运行）、岁差运动、天狼屋的视差运动和光行差运动（扩大表演）、极高运动（显示地理纬度的变化而反映出的星空变化）等。在表演中，时间的尺度大大压缩了，可以用几分钟的时间代表自然界中的一天、一月、一年甚至更长远的年代。天象仪运转的快慢完全由操纵者随意调整。

大型天象仪的两个恒星球，直径 75 厘米，内装 1500 瓦灯泡。仪器中心的高度为 2.5 米（也就是放映室内地平圈的高度），天象仪本身由 120 个以上的放映器组成，总重量约 2000 千克。

几十年来，蔡司工厂和其他国家的天文馆和光学工厂制作了许多附属仪器，使天象仪的星空演示更加丰富多彩，主要的内容有：日出、日没、远看太阳系（约在太阳系以外 14 亿千米处看到的以土星轨道为限的太阳系图景）、星座神话图形、木星的几颗大卫星的绕木运动、日食和月食、流星雨、黄道光、极光、有地图的地球、地球和其他天体上的风光、宇宙航行……附属仪器品种繁多，大小各异，有单独安装的，有附加在主机上的，也有分布在放映大厅周围的托盘上的。

大型天象仪的放映大厅（天象厅）的直径为 18～30 米，一般都在 23～25 米。放映天幕过去用布制，现在多为铝制。天象厅内设置座位 500 个左右。另外在大厅北部有操纵台，讲解员手持电筒可在天幕上映出一个明亮的指示箭头，指明所讲的天体或目标。现在天象仪的操纵可以由人掌握，也可以用电脑控制，走向全部自动化的道路。大型天象仪 60 年来共制造了近 100 台。

蔡司中小型天象仪

大型天象仪价格高昂，天象厅建筑费用也高，不易普及。由于学校、科学馆、科学站等的需要，中小型天象仪的生产就成为必然趋势。从 1943 年起，德国耶那的蔡司工厂就制造了一种蔡司小天象仪，由一个恒星球和日月行星放映器组成，可以在 6～8 米直径的圆顶上放映出肉眼可见的 5000 多颗恒星。日月行星的位置可以根据天文年历进行调整，仪器虽小，性能很好，可以演示出大天象仪能演示的大部分项目，基本上能满足一般教学和科普的需要。这种小天象仪总共制造约 300 台，分布世界各处，以德国和苏联为多。北京师范大学天文系也安装了一台供教学之用。

1975 年，民主德国蔡司工厂又设计制造了一种新型的小天象仪（ZKP2 型）。它改用两个恒星球，很像缩小了的大天象仪，演示项目比前一类型的略为增多，性能更好，可以演示日月行星的周年运动和全球各地可见的星空，可以使用程控装置进行半自动或全自动演示，而且放映圆顶的直径也可扩大到 10 米。这种新型小天象仪完全代替了老式的小天象仪，而在国际市场上与日益发展的美国和日本制造的小天象仪相竞争。

20世纪60年代，民主德国蔡司工厂为了适应国际市场的需要，进行了中型天象仪——宇航天象仪的设计制造。宇航天象仪1967年首先在布拉格用于演示，70年代起开始安装在南美洲巴西的几座天文馆里，后来又制造了15台安装在巴黎、莱比锡等地。宇航天象仪适用于10米、12.5米和15米的放映圆顶，能放映8000多颗恒星，坐标系统比较完备，仪器可以自动控制，是一种较好的中型天象仪。

其他类型的天象仪

20世纪50年代以前，在全世界的主要天文馆中，大多采用蔡司天象仪，而且在相当长的时期中，只有这一种牌号。近20多年来，许多国家设计制造的各种类型的天象仪不下二三十种。其中以小型天象仪最多，中型天象仪也不少。

苏联莫斯科天文馆在20世纪50年代曾制造过5种类型的小天象仪，主要采用针孔成像的原理。这些小天象仪被安装在苏联几十个城市的学校、少年宫等场所，但没有在国际市场上出售过。

美国从1937年起就开始自制中小型天象仪，但是从50年代起才有了很大的发展，主要是斯皮茨天象仪，有大、中、小型多种型号。曾经制造了六七百台中小型仪器，大多安装在美国的中小型天文馆、学校、科学馆等处。这些仪器多用针孔成像。

美国旧金山的加州科学院 1948 年自行设计了一台大型天象仪，1952 年 11 月开始使用，重达 4 吨。它的特点是把恒星球集中到仪器的中央部分，而把日月行星放映器放在仪器两端。这种仪器只生产了一台，但它的独特结构在日本五藤天象仪上得到应用和发展。

目前，日本也是生产各型天象仪的主要国家之一。五藤天象仪和美能达天象仪都有大、中、小多种型号，如，台北天象馆使用的就是五藤 GM－15 天象仪，适用于 15～16 米直径的放映圆顶；上海少年宫用的是美能达 Ms6 型天象仪，适用于 6 米直径的放映圆顶。

日本制天象仪除安装在本国近 100 座天文馆外，还向国外输出。日制天象仪多用光学镜头，还可以使用程序控制，价格较低。

中国制造的天象仪

为了在更多中小城市建立小型天文馆，从 1958 年起，当时全国科普协会的科普形象资料厂设计生产了科普-58 I 型小天象仪约 30 台。这种天象仪有一个 40 厘米直径的恒星球，上面钻有 800 多个大小不同的星孔，用来放映 4 等半以上的恒星天空，另有日月行星放映管。放映圆顶直径 4～8 米，可供 50 人观看。这些仪器被安装在北京少年科技馆等处。经过改进，从 1961 年开始，又制造了科普-58 II 型小天象仪约 20 台，安装在全国各地。这种仪器加装了银河放映器，并有照明灯、子午圈和操作台。近年来，为在我国的一些城市建立青少年天文馆、天文站，中国科协青少年部组织制造了可供 3 米直径圆顶中放映的小型天象仪。

中国生产的大型天象仪

在设计生产大型天象仪方面，1958 年 10 月曾由北京工业学院在北京天文馆等单位的协作下制成了一台大型天象仪，基本上仿照蔡司天象仪，但有所改进。从 1973 年起，北京光学仪器厂、北京无线电电源控制设备厂、北京工业学院、北京天文馆又联合设计试制大型天象仪，1976 年试制成功，安装在北京天文馆。经过近一年的调整改进，仪器日趋完善，并建立了程序控制系统。这台天象仪除有一般大天象仪的性能外，还有中国的特色，能表演三垣二十八宿的星空划分以及二十四节气等。

展望前景

60 年来，在世界各地，上千台的大大小小的天象仪在向亿万群众放映星空，展示宇宙，普及科学知识，把星光洒遍人间，在群众科学文化生活中开辟了新的领域，对人类文化作出了重要的贡献。在现代科技迅速发展的时代，天象仪也将日新月异，求得更好的改进或突破。

（原载《天文爱好者》1983 年第 8 期）

通向宇宙的窗口
——纪念天文馆诞生 60 年

天文馆的诞生和发展

1923 年 8 月，耶那的奇迹——天象仪在德国蔡司光学厂的楼顶出现，它标志着天文馆的诞生。从此，天文馆事业逐渐发展起来。

目前，建立在世界各地的大大小小的天文馆、天象馆、天象厅数以千计。从北欧到南美，从东方到西方都有天文馆，它们成为亿万群众了解宇宙的窗口。

在第二次世界大战以前，世界上共有 27 座天文馆，其中大多数集中在欧洲和北美，在亚洲只有日本的两座（东京和大阪）。由于战争，不少天文馆被毁，到了第二次世界大战结束时，继续开展业务的天文馆还不到 10 座。从 20 世纪 50 年代起，蔡司厂恢复生产天象仪，大型天文馆又重新建立起来。1954 年开幕的斯大林格勒（现名伏尔加格勒）天文馆是战后新建的第一座大型天文馆，随后波兰卡托维兹天文馆（1955 年）、巴西圣保罗天文馆（1957 年）、东京天文馆（1957 年）、北京天文馆（1957 年）、伦敦天文馆（1958 年）也先后诞生了。随着多种类型天象仪的生产，大中小型天文馆蓬勃发展起来。目前，世界上大型天文馆（圆顶直径在 16 米以上）已有近百座，中小型天文馆近千座，用微型天象仪装备的天文教室和设施上万座。每年观看人造星空表演的观众和在人造星空下上天文课的学生约有几千万人次之多。可见天文馆已经成为社会教育与科学普及活动中重要的一环。

形式多样的天文馆建筑

现在，许多国家的首都和世界闻名的大城市中几乎都建有大型天文馆。经验证明，在百万以上人口的城市中建立大型天文馆是适当的。天文馆在建筑风格方面有很大的差别。耶那天文馆是简朴风格的代表；

耶那天文馆

而就建筑的庄严、华丽而言，伏尔加格勒天文馆可为典型；从现代化角度来看，香港太空馆名列前茅；从造型艺术上来论长短，日本的明石天文馆、加拿大温哥华的麦克米伦天文馆和卡尔加里天文馆都各有千秋；从外观特征来看，斯里兰卡的科伦坡天象馆好像一顶古代的王冠，德国的斯图加特天文馆犹如蓝色登月舱；最富有民族特色的要数埃及的开罗天文馆，表现了浓郁的阿拉伯风格……

人造星空表演的场所也大小各异：最小的圆顶直径仅有 3 米，只能容纳观众 20 人。最大的圆顶直径 30 米（战前德国的杜塞尔多夫天文馆），观众可达 1000 人。现在一般的大型天文馆圆顶直径多在 23 米左右，能容纳观众四五百人。中型天文馆的圆顶直径一般 8～15 米，座位大约有一两百个。圆顶直径在 8 米以下的、可容纳几十人的属于小型天文馆（或天象厅、天象室）。

最简单的天文馆只有一个天象厅，主要进行星空表演。也有很多天文馆除天象厅外，还有天文展览厅、演讲厅、放映室、天文台和天文广场等。美国洛杉矶天文馆和北京天文馆都采取对称的布局，中心为天象厅，两翼为演讲厅和展览厅，还有天文台等。

遍布全球的天文馆

我国的第一座天文馆——北京天文馆于 1957 年 9 月 29 日开馆，圆顶直径 23.5 米，安装了民主德国的蔡司天象仪，有 600 个座位。当时，在设备和建筑规模上都走在世界的前列。

1960 年前后，我国在一些城市和地区先后安装了国产的科普－58Ⅰ型和Ⅱ型小天象仪，主要用于少年儿童的课外科技活动。1966 年，上海少年宫安装了日本 MS－6 型小天象仪，建成了一座小型天象馆。

1980年7月1日，台北天象馆落成开幕，安装的是日本 GM−15 型天象仪，圆顶直径 16 米，有 233 个座位，这是我国建成的另一较大的天文馆。

1980年10月7日开幕的香港太空馆，装有蔡司Ⅵ型天象仪，圆顶直径 23 米，有 265 个座位。

现在亚洲共有大型天文馆 12 座以上，分别是北京、台北、香港、东京、大阪、明石、名古屋、加尔各答、孟买、雅加达、科伦坡、曼谷等地的天文馆。

世界其他国家现有大型天文馆的大致情况如下：美国 12 座，联邦德国 7 座，加拿大 5 座，苏联 4 座，意大利、阿根廷、墨西哥各 2 座，只有 1 座大型天文馆的国家有民主德国、希腊、委内瑞拉、厄瓜多尔、南非、英国、瑞士、智利、巴西、奥地利、波兰、法国、葡萄牙、埃及等。从拥有各种类型的天文馆总数来说，以美国和日本最多。

各项普及工作

人们把天象厅比作天文馆的心脏，这是很自然的事。绝大多数的人们到天文馆来，也主要是为了参观天象厅的星空表演。因此，一座天文馆的水平和成绩也主要或首先从天象厅的工作反映出来。

著名的丹麦天文学家斯特莱姆格林曾经说过："天文馆是学校、剧场、影院合而为一的场所，是在星空下的教室。在这里，星星都成了演员。"

美国的纽约和洛杉矶天文馆，每月一个讲题，主要内容都发表在它们出版的月刊上。它们的讲题主要是天文知识和有趣的天象，例如"从北极到南极""日食和月食""当年的天象""四季星座""飞向月球""飞向火星"等。有时还表演与宗教有关的节目，如"圣诞节的星星""复活节的故事"等。

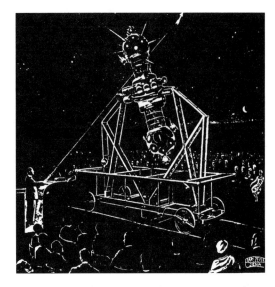

人造星空表演

日本的天文馆也多半是每月一题，每到夏季，常常上演"七夕的星空""银河之话"等。

苏联的天文馆，很注重破除迷信和宣传唯物主义宇宙观。有一般讲题、分类讲题、专题演讲，以及少年儿童节目。苏联天文馆还注重举办物理学和地球科学的演讲。

伏尔加格勒天文馆

许多天文馆注意研究制造天象仪的附属仪器，用以进行丰富多彩极为吸引人的生动表演。有些天文馆还能表演天气现象。从 1974 年开始，北美的一些天文馆加入了激光图案的表演，并配以电子音乐，效果奇特。

很多天文馆都把向青少年学生进行教学辅导作为主要活动的一部分。北京天文馆每年都开设大、中、小学生的教学专场，如对中小学生演讲"地球和宇宙"，对大学生演讲"时间和坐标"等。

在苏联，中学设有天文学课程，因此教学工作和天文馆有密切关系，每学年都有编印好的在天文馆学习的大纲要求，印有详细的讲题目录和参考书目。苏联天文馆对青少年举办的天文教学活动，其历史的悠久可能超过任何国家。

此外，各天文馆还很注重青少年天文爱好者协会的组织和活动。

现代的天文馆不仅仅是一个天象表演的场所，还有展览和陈列等多方面的活动。每次天象表演只有几十分钟，而且只能讲某一课题的有限知识，因而基

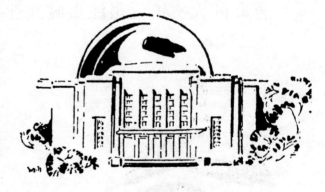

纽约天文馆

础天文知识的展览（也有专题的）是天文普及工作的重要组成部分。北京、纽约、洛杉矶、莫斯科、香港等天文馆比较重视展览工作，展览内容也比较丰富有趣。有的天文

馆还展出实物，例如，纽约天文馆展出的世界第二大陨铁
（34 吨），芝加哥天文馆展出的各种天文仪器，北京天文馆
下属的北京古观象台及其陈列的中国古代天文仪器更是举
世闻名。

眼见为实，真胜于假。人们在观看人造星空之后，都
很想看看日月星球的真面貌。于是，许多天文馆设置了大
大小小的天文望远镜，供广大观众进行天文观测。白天可
以通过望远镜的投影看到太阳黑子，或者通过专门设备
（太阳望远镜、光谱仪等）观察太阳的表面活动及太阳光
谱；晚上可以看到各种天体的真面貌。这样，一方面可以
提高人们对学习天文知识的兴趣，另一方面可以为他们揭
开宇宙的奥秘，消除人们对天体的误解和神秘感。这些望
远镜也供天文爱好者观察天象，进行一些科学观测和研究
工作。

天文馆的科研和宣传工作

天文馆虽然是一个以普及与教育为主的天文机构，但
根据它的仪器设备和科技人员的配备情况，也在进行着相
关的科研工作，有的甚至是很活跃的。就以北京天文馆来
说，在太阳黑子的长期观测与研究、日食观测、陨石收藏、
天文学史研究、大型天象仪的研制、宇宙化学的探讨等方
面都取得了成果，对我国的天文学事业也做出了贡献。这
些科研成果和调研资料也充实和丰富了天文馆的科普和教
育工作。世界许多天文馆的科研活动和成果，多公布在本

馆的馆刊和有关的书刊上。纽约天文馆对陨石的收藏和研究十分重视，该馆陈列的约角 1 号陨铁重 34 吨，是北极探险家 R. 皮里 1897 年从格陵兰运往美国的，是当今世界上陈列在博物馆、天文馆中的最大的一块陨铁。

许多天文馆还很注重天文馆工作本身的理论研究和探讨，并通过说明书、讲稿小册子、天文馆介绍、期刊、丛书、幻灯片、年历等出版物和会议进行国内和国际交流，这是具有现实意义的工作。

几十年来，天文馆事业有了巨大的发展，这和人类征服太空的伟大壮举是分不开的。当人们进入了太空时代，谁能不关心太空中的日月星球呢？谁能说自己和宇宙无关呢？经过几十年的发展，天文馆事业在世界的文化科学事业中已经确定了它的位置和作用，天文馆已经是人类社会生活的组成部分。

几十年来，天文馆为人们打开了了解宇宙的窗口，把星光洒满人间，播下了科学的种子。面向未来，迎接我们的将是那盛开着智慧花朵的世界！

（原载《天文爱好者》1983 年第 10 期）

中国天文馆史话

1997 年是北京天文馆建立 40 周年，也是中国天文馆事业的 40 周年。为了纪念中国天文馆已经走过的 40 年的道路，回顾中国天文馆发展的历史，对于进一步推动中国天文馆事业的发展可能具有现实意义。

萌芽时代的回顾

天文馆是一座天文科普教育机构，它是以装有天象仪（星象仪）的星空表演大厅为中心的天文科普教育场所。因此，世界上的天文馆事业是在 1923 年德国蔡司天象仪发明之后才诞生的。

最早把天象仪和天文馆介绍到中国来的，主要是高鲁和张钰哲。20 世纪 30 年代初，他们分别在《宇宙》与《科学》杂志上撰文介绍天象仪和天文馆，当时称作"假天仪"和"假天馆"。其中，以张钰哲所写《假天》一文最为详尽。他还在文章的结尾倡议在我国首都建立一所假天馆："眼前我们若为着启发民智，破除迷信，于国都所在地，设立一座假天院，也孰曰不宜。"此文后收入他的名著《天文学论丛》（商务印书馆，1934 年）一书中。

1928 年，北京古观象台改名为"国立天文陈列馆"，也曾吐露出中国天文馆的萌芽。当时为了进一步发展，陈列馆在 1929 年曾向上级呈报一份发展报告，中央研究院在批文上写道："……若论宣传天文起见，则德国蔡司厂之天象仪，美妙无比，但价值过昂，处现在状况之下尚谈不到。"中国天文馆的这一萌芽一直到 20 多年后才得以破土而出和成长壮大。

北京天文馆的诞生

北京天文馆是新中国成立后最早修建的一座大型科普活动专用场所。1954年，中国科学院、全国科普协会及北京市文委先后调集了李元、卞德培、王同义等人着手筹备，并请当时上海徐家汇观象台研究员陈遵妫于1955年春来京担任馆长，主持筹建工作。北京天文馆于1955年10月正式破土兴建，1957年9月29日建成开放，从此，中国诞生了第一座天文馆。建馆以来，先后创作演出了60多个节目，举办天文展览40多个，共接待国内外观众逾2000万人次，对普及天文知识和宣传中国在天文学上的成就，发

北京天文馆（20世纪60年代）

挥了巨大作用。

北京天文馆以 23 米直径的半球天幕的天象厅为中心，内装大型天象仪，有 600 个座位；另有天文台、展览厅、演讲厅等，是世界级的大型天文馆。它还在 1958 年创刊《天文爱好者》杂志，出版至今。

台北市立天文台、馆

台北市立天文台位于台北市圆山，建成于 1963 年 3 月，主要设备有 41 厘米反射镜、25 厘米折射镜等，主要从事天文普及教育和观测。天文馆于 1980 年 7 月 1 日落成开幕，天幕直径 16 米，有 233 个座位，装有日本五藤 G—15 型中型天象仪。

台北天文台首任台长蔡章献是台湾天文普及教育事业的开拓者，贡献极大。1947 年起，蔡章献就在台北市中山堂利用早年设置在这里的 10 厘米口径的折射望远镜进行天文观测和科普工作。但工作条件极差，经费也极困难，通过蔡章献的奔走和天文爱好者们的努力，才在圆山正式建起了天文台。台北市人口众多，对广大群众和学生的天文普及教育，单靠几架望远镜远远不能满足需要，因此在 1970 年提出了建馆计划，后来经过不断努力，终于从 1977 年开始筹建，1980 年 7 月建成，它是中国第二座颇具规模的天文馆。

香港太空馆后来居上

香港太空馆建成于 1980 年 10 月，当时它是世界上设备最先进的天文馆，位于九龙的尖沙咀，是后来居上的一座天文馆。该馆的酝酿、筹划以至建成全赖策划者和首任馆长廖庆齐的献身精神。在他的宣传鼓动下，早在 1961年，香港市政局曾倡议建立一座天文馆。约 10 年后成立了一个工作小组对建立天文馆进行深入研究，并吸取世界各大天文馆的经验和参考它们的设备。1973 年终于决定兴建一所设备完善的现代化太空馆，1977 年动工，建筑工程于 1980 年初完成，同年 10 月正式开放。总费用约 6000 多港元的这座太空馆，不仅供市民汲取科学知识营养，更是青少年寻求天文和太空知识的乐园。

太空馆占地约 8000 平方米，外形设计突破一般对称式的格局，而采用了蛋壳式的波浪形的外观，为世界天文馆建筑史上增添了光辉的一笔，也使九龙半岛生色不少。过去的天文馆大多是利用天象仪把灿烂的星空重现于天幕之上。而今天，人类的活动已不局限于地球的表面，所以香港太空馆同时把太空科技的发展和成就都包括在天象节目及展品内，决定称它为太空馆。馆分东西两翼，蛋形的东厅是太空馆的核心。东厅内设有天象厅、大型展厅和多间制作工场。天象厅直径为 23 米，装有大型蔡司天象仪，内设 316 张坐椅。西翼由一桥道与东翼相连，内设太阳科学厅、演讲厅、天文书店、小食店等。天象厅内除天象仪外还有一台全天域放映机，放映的电影画面几乎占满整个天幕，使人有亲临其境的感觉，它和天象仪配合使用，达到异曲同工之妙。当时，这种设备世界上只有 7 台。

1981 年，该馆编印了一册百页彩色图集《香港太空馆》，极为充实精美，成为世界天文馆介绍专著中的最佳作品。此外，该馆每年还出版一本天文挂历。

台中市的太空剧场

太空剧场是位于台中市的自然科学博物馆的天文部分，1985 年开始放映人造星空。它是当时设计最新颖的天象厅，依靠尖端科技，声、光、电等仪器设备，将自然现实与科学知识，用映视的方式带给观众亲身体验，寓教于乐。剧场巨大的半球形屏幕直径 23 米，内部倾斜 30°，有 304 个阶梯式座位。中央有日本五藤 GSS 型天象仪，后部还有全天域电影放映系统。放映的组合画面，生动活泼且富于变化，又配合六声道的音响组合设备，视听感觉逼真自然，有如身临其境。全天域影片是利用 180° 的鱼眼镜头将 70 毫米影片放映到倾斜的半球天幕，画面清晰稳定，使观众被画面包围，宛如置身其中。放映的全天域影片有《飞行》《宇宙》《四季》等。

在博物馆的三楼，有 900 平方米的展厅，展示的内容有天文学、地球科学、太空科学，以及环境科学的发展和基本原理。这座太空剧场是当代最先进的天象厅之一，它采用的天幕是中国天文馆中唯一的倾斜式半球天幕。

台北市天文科学教育馆

这是 1997 年建成的一座大型天文馆。它由一个三层展览大楼及直径 25 米的天象厅和全天域电影放映设备组成。展览大楼内容丰富、规模宏大。大体上分为：一楼展示人类和宇宙；二楼展示天文知识；三楼展示宇宙体系。台北市天文科学教育馆设立的目标在于创建一个世界级的现代化天文及太空科学博物馆，它具有吸引及教育各级在校学生、社会大众及外国观光客的功能。

┠ 欧美天文馆剪影

1989 年和 1995 年，我先后访问了德国和美国的六座著名天文馆，都受到热情接待。他们赠送给我许多有价值的书刊资料，这对深入了解他们的业务很有帮助。德国是天文馆发源地，美国是天文学非常普及的国家，因此我很重视对德、美两国天文馆的访问。

德国西柏林天文馆

1923 年蔡司天象仪诞生后仅 3 年，柏林天文馆就建成了，但毁于第二次世界大战。战后，西柏林和东柏林分别于 1965 年和 1987 年建立了天文馆。

西柏林的天文馆是和著名的威廉·福斯特天文台建筑在一起的，天文台建在一个小山丘上，天文馆就在它的下面。整个天文台馆在西柏林的东南角。

穿过门厅就进入天象厅外边的圆廊，宽 2 米，墙壁上是许多灯光天体图片，对外没有窗户，完全是密闭式的人工采光。这一点特别重要，因为所有天象厅的观众都要从这里出入，密闭式的圆廊光线较为昏暗。这就使入场观众的视力逐渐得到适应；出场的观众骤然从黑暗的星空表演场合中走到外面去也可以有逐渐适应的过渡阶段，不至于感到头昏眼花。当时修建北京天文馆时，由于我们没有经验，竟然把天象厅外面的圆廊开了许多门窗，用了自然采光，使观众在观看星空表演的前后视觉极不舒适，这个教训今后一定要吸取。

在天文馆后边的小山丘上是天文台的 3 个圆顶室，最大的一个安装着 30 厘米的折射望远镜（焦距 5 米），我去访问的时候，正值这个天文台 100 岁的生日（1889—1989 年）。中间圆顶有 17.5 厘米的双筒折射望远镜；另一个圆顶内有 75 厘米的折射望远镜。晴夜，天文台定时向群众开放已成制度。天文爱好者们按照不同分组，有计划地在这里进行观测和研究。

天文台和天文馆每个季度出版一本活动计划小册子，共 24 页，记载这一季度的天文活动和星空动态。内容有天文馆的节目、天文观测分组计划，另外有几篇文章，如《柏林业余天文学的 40 年》《柏林大众天文台的 100 年》等。

西柏林天文馆的面积虽然不大，但建筑安排十分紧凑、设备完善。在星空表演中他们还坚持由讲解员亲自演讲，不管观众人多还是人少，他们都认真演讲和表演，这些都值得我们很好地学习。

德国东柏林天文馆

东柏林原来在著名的阿黑霍德天文台中虽然设有小型天文馆，但它不能满足需要，何况天象仪的诞生地耶那的蔡司光学厂离此不远，因此在 1987 年建成了蔡司大型天文馆。它位于东柏林市中心的台尔曼公园，那巨大的银白色球形建筑成为东柏林的明珠，也成为蔡司光学厂的对外窗口。

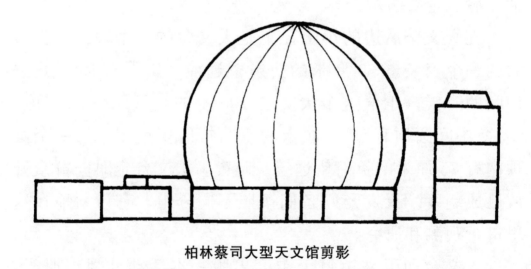

柏林蔡司大型天文馆剪影

天文馆以天象厅大楼为中心，两翼连接着旋转阶梯塔楼和电影厅、图书室等附属建筑。天象厅内径 23 米，天幕用铝片拼合而成，设有 300 张极为舒适的软椅，并铺咖啡色地毯。大厅中央是当时最新式的"宇宙天象仪"（COS-

MORAMA）。整个天文馆的组成部分是：①天象厅和天象仪；②附属仪器圆廊（有 90 多个放映器）；③音响控制室；④激光放映室；⑤天象仪升降装置（它可以使天象仪下降到地平以下，大厅中央空洞用地板覆盖，方便其他用场，乐队可以在中央演奏，也便于天象仪的清洁和维修）；⑥太阳投影装置；⑦电影厅；⑧展览圆厅；⑨图书馆；⑩天文书店、咖啡馆等。这个天文馆是 20 世纪 80 年代末世界上最好的新天文馆。它的宇宙天象仪可以手控、半自动和全自动，任人选择。我在天象厅中看到的节目是《2015 年飞往火星》，通过特技和附属仪器产生的立体效果，使人有亲自飞往火星并降落在火星表面的真实感受。

成为天文馆的组成部分的阿黑霍德天文台也有百年以上的历史，馆台之间有一段距离，有如北京天文馆的东、西两个馆。这是世界著名的大众天文台，折射望远镜宛如一尊长筒巨炮，台内有天文史展览厅、小天象厅和电影厅等，内容十分丰富。

我在参观访问东、西柏林两大天文台和天文馆后的深刻印象是：它们都是由一个天文台和一个天文馆组成的天文普及教育机构，都有很好的仪器设备、定期的出版物、上百年的历史和高水平的工作，不论在普及、教学和观测研究上都有显著的成绩。除服务于广大观众外，还配合中小学的天文教学，培养了一批又一批的天文爱好者，它就是德国天文普及教育事业的一个缩影。

美国波士顿天文馆

波士顿是一个科学文化城，著名的波士顿科学博物馆、哈佛大学天文台、《天空和望远镜》杂志社、天空出版社都在这里。波士顿科学博物馆设有一个大型天文馆，它的旁边是有超大银幕的"奥秘影院"。天文馆内装大型蔡司天象仪，有约 300 个座位，1994 年大修（主要是换坐椅、铺地毯）后重新开放。它还附设一个天文台。

我去访问时正是上午闭馆时间，而馆长特地为我举行专场演示，用该馆制作的几十种附属仪器放映出宇宙奇象，名目繁多，效果相当逼真。

美国纽约天文馆

这是一个有 60 年历史的老馆，但现在的工作依然朝气蓬勃。它是美国自然博物院的天文部分，在全世界是极著名的，以丰富多彩的表演为人所称道。远在 20 世纪 30—40 年代，它就能表演彗星或小行星撞击地球的轰动场面。它的天文教学节目和航海天文学的节目也是杰出的。它的陨石收藏全球第一。该馆陈列的大陨铁重 34 吨，是 1897年由北极探险家 R. 皮里在格陵兰发现后，运到美国自然博物院的，它是全世界馆藏陨铁之最。该馆还拥有世界一流的天文美术家魏末等。该馆在 1936 年创刊的《天空》月刊成为天文馆期刊中最成功的一种，而且是现代大版本天文期刊的先锋。1941 年，《天空》和哈佛大学天文台的期刊

《望远镜》合并成为当今世界最著名的天文学杂志《天空和望远镜》。

我去访问时看了两场表演，一个是一般节目《宇宙奇观》，有丰富的天象表演，尤以用激光演示天球坐标与太阳系最为精彩。另一个是儿童节目《机器人和宇宙》，节目中生动地插入一个机器人的模型出现在星空各处，还有类似录像画面。这些节目的结尾都放映出讲稿编写者、讲解员、操作人员及形象资料的出处等。

美国虽然科技非常发达，但还保留了一些由讲解员亲自演讲而不是依靠录音的节目。我在那里就亲眼看到一位女讲解员亲自演讲的场面。

纽约天文馆也在酝酿改建中。

美国华盛顿天文馆

华盛顿特区的国家宇航博物馆举世闻名，类似于波士顿的科学博物馆。它有两个剧场，一个是爱因斯坦天文馆，另一个是超大银幕电影院。

我去天文馆访问时，由美国的老朋友杜兰特陪同前往，他曾是美国火箭学会主席、国家宇航博物馆副馆长兼航天部主任。我们受到天文馆馆长的热情接待，详细参观天文馆的各处，还看了一场天象表演，主题是天空的光学奇迹，由附属仪器表演天空奇景，十分引人注目。该馆每天有10场表演，可能是世界各天文馆表演场次最多的。每天下午3时有一场《今夜星空》表演，免费，这也是一个很好的传统。

天文馆还制作了一个题为"谁是下一个哥伦布"的大型展览，内容生动有趣。该展览要人们去思索，再过 500 年，人类要在开发太空中再发现什么奇迹。

美国洛杉矶天文馆

位于洛杉矶的格利菲斯天文台是美国著名的天文普及场所，主要组成部分是天象厅、天文台、科学厅，实际上是一座天文馆，所以人们一般把它称作洛杉矶天文馆。

1995 年 5 月 14 日，该馆 60 周年馆庆前我去那里参观访问，勾起了我深深的回忆，因为 1952 年我在起草北京天文馆筹建计划时，建筑整体布局主要是以该馆为模版的。岁月流转，43 年之后才有机会去该馆访问，观感自然不同一般。该馆当时的主要问题是为了迎接 21 世纪，要进行大规模的扩建，我认为应该学习芝加哥天文馆（美国最早的天文馆，已有 65 年的历史）的经验，尽量保留原有的古典式建筑。要用高科技把天文馆改建成世界一流的天文馆，需资金约 2000 万美元。

丰富多彩的星空表演是这里的主要活动，60 年来上演过上百个星空节目。该馆自己研制过大量的天象厅附属仪器，大大丰富了星空表演内容，其中以宇宙飞行方面的最为成功，使观众好像真的坐上宇宙飞船到月球和行星世界上去探险旅行。

台长克鲁普是一位考古天文学家，对中国古代天文学有浓厚兴趣，曾两次访华并且访问过北京天文馆。该馆天象厅曾上演过以中国古代天文学为主题的星空节目，例如《东方巨龙——古代中国的星空》等。

《格利菲斯观察家》是该馆 1937 年创刊的天文普及月刊，每册 24 页，附有大量图片，60 年来按月出版从未间断，也登载过中国天文学的史料。

该台还装设有相当好的天文望远镜，西圆顶内有架口径 30 厘米的蔡司折射望远镜，这在科普场所，可算是非常好的仪器了。每逢晴夜，向广大群众开放。东圆顶内装有太阳望远镜，可以把当天的太阳影像投射在科学厅内的屏幕上，显示出太阳黑子、耀斑等方面的详细情况。

科学厅内有物理学、地质学等内容的陈列和演示，有太空美术展览和宇宙火箭展览。门厅中央有证明地球自转的傅科摆。门厅顶部是有关星空的神话传说的画面，门厅四周是天地生数理化发展的壁画，十分引人注目。

（原载《天文馆研究》1996 年第 1、2 期）

▨ 科学与美的追求

├ 太空美术与天文学

太空美术的历史回顾

太空美术就是天文学的美术，也是宇宙航行的美术。它是宇宙和太空的美术，不但反映了天文学的成就和发现，也反映了宇宙航行与太空技术。

最早的太空美术作品，据我所知是意大利美术家多纳托·克连特在1711年所画。他有关太阳、月亮、水星、金星、火星、木星、土星以及彗星的8幅油画，都保存在梵蒂冈博物馆中，而且已经在《月球和行星科学会议公报》第一卷（1980年）上公开发表。

太空美术的另一些早期作品，在1865年出版的儒勒·凡尔纳的著名作品《从地球到月球》中可以见到。

在19世纪末，德国画家克朗茨创作了许多天文美术作品，收录在5卷集的《宇宙和人类》中，在柏林出版，后来又译成俄文在圣彼得堡出版。1989年，我在柏林的书店中还看见这套书以珍贵版图书出售。

在 20 世纪初，名家辈出，如，毛吕、特罗维洛特和吕都，他们的许多精美作品发表在伦敦出版的《壮丽的天空》、巴黎出版的《天和宇宙》《天》。这几本书均出版于 1923 年。

法国天文学家和画家吕都（1874—1947 年）可以称为现代太空美术的先驱者。他的权威性著作《在别的世界》1937 年由拉鲁斯书店出版，可以说是太空美术的一个里程碑。吕都得过许多奖，不久前，火星上的一个环形山以他的名字来命名。

最著名的天文爱好者和太空画家也许可以说是美国的邦艾斯泰。他的"土星组画"令人赞叹不

月球上的日全食（哈代绘）

已，发表在美国《生活》杂志 1944 年 5 月 29 日的那期上。他的名著《征服太空》是在 1949 年出版的。

当代著名的太空画家包括：英国的哈代，苏联的索可洛夫，捷克的潘杉克，日本的岩崎贺都彰，美国的 R. 米勒、天文学家哈特曼、卡罗、戴维斯、迪克孙、魏末以及

R. 麦考尔等。沼泽茂美是日本太空美术界的后起之秀，作品之好、作品之多，令人瞩目。

太空美术与天文学

科学和艺术并非截然不同的两个领域。太空美术正是这两者的完美结合，它反映了人类认识宇宙的进展，同时，太空美术在当代已进入人们的日常生活。

天文教学与天文普及很需要太空美术，就是对探测宇宙来说，太空美术也是不可缺少的。

1. 太空美术与天文教学

在天文教学中，那些精美设计和绘制的图画，不论对于教师还是学生来说都是所需的。

让我们以德国画家魏末为例来说。魏末是 1954 年来到

飞往火星（沼泽茂美绘）

纽约，不久成为纽约天文馆的一名成员。除了设计天文馆的星空表演以外，魏末的太空美术作品还经常发表在许多著名报刊上，如《自然历史》《史密桑宁》《读者文摘》以及《纽约时报》。魏末和天文学家布兰莱博士合作，为青少年出版了一套天文学丛书，书中的图全是魏末所作，并得到广泛好评。1975年，在布兰莱编写的一部大学教材《天文学》中，魏末绘制了全部插图。包括天球坐标、天文仪器、太阳系、日月食、星座、恒星、星云、星系的一本彩色图册《星空引导》出版于1982年。魏末的立体彩色图是极为形象易懂的天文教学资料，可能是我见过的最好的天文教学美术作品。

美国国家地理学会和美国宇航局（NASA）以及日本的《牛顿》杂志等也出版了若干对天文教学极为有用的大型挂图。

2. 太空美术与天文普及

法国天文学家吕都也是一位杰出的天文画家。虽然在他之前也有些人画过星球世界的风光，但是吕都在这方面超越前人。他用科学的眼光，正确描绘出宇宙风光，并且以图文并茂的形式普及天文知识。1948年，法国拉鲁斯书店将吕都的主要作品编辑成百科全书式的《天文学——星球和宇宙》出版；1959年英译本在纽约出版，书名为《拉鲁斯天文百科》。该书是一本图文并茂的经典著作，直到今天仍然对天文普及活动和太空美术创作有着影响和参考价值。

美国的业余天文学家兼画家邦艾斯泰对天文普及有重大影响。他的太空美术作品运用投影几何原理，逼真地描绘了星球世界的图像，几乎是前人所不及的。他曾经为几家天文馆设计过月球全景、土星全景，使星空表演达到身临其境的感觉。邦艾斯泰是 20 世纪的太空美术大师，著书甚多。

日本的太空画家岩崎贺都彰 1935 年出生于中国大连，是太空美术领域中的一颗新星，被称作"东方的邦艾斯泰"。他的作品选集很多，其中《宇宙美景》于 1981 年分别在美国和日本出版，由著名科学作家阿西莫夫撰写文字说明，具有国际影响。岩崎贺都彰是踏着邦艾斯泰足迹前进的一代新人。著名天文学家卡尔·萨根评论说："岩崎贺都彰的作品不但具有邦艾斯泰的精确性，而且表现出了新的科学发现。"

近些年来，邦艾斯泰和岩崎贺都彰的太空美术复制品曾在北京天文馆和全国许多城市展览，名为"宇宙在召唤"，这项活动是由中国天文学会所属普及委员会、北京天文馆与中国科普研究所合办的，部分展品由上海科协出版了一套彩色幻灯片（100 张）。

此外，美国的时代生活出版社近年来出版了一套天文普及丛书《到宇宙去旅行》，全部彩色印刷，其中有很多太空美术作品和大量的天文照片。这是对天文普及与教学的极大贡献。1978 年，美国的 R. 米勒首先编印了一册《太空美术》彩色图集；1990 年，英国哈代编的《太空美景》大型画集出版，都展示了 20 世纪以来的太空美术名作，对天文普及很有用处，是两本太空美术画史。

3. 太空美术在宇宙探测中的作用

正如我们所知，太空美术和太空探测是紧密相连的。邦艾斯泰曾在 20 世纪 50 年代的《柯利尔》周刊中发表了许多宇航系列太空美术作品，后来编辑出版了《征服月球》《探测火星》《跨越太空前沿》等经典图书。文字部分由著名太空专家冯·布劳恩和维莱·李等人执笔。邦艾斯泰曾荣获英、美两国宇航学会和天文学会奖章。

美国宇航局的 R. 麦考尔也许是当代最杰出的太空画家之一。他的《我们在太空中的世界》画册（1974 年）由阿西莫夫撰文；《未来的图景》（1982 年）以及 1992 年新出版的《麦考尔的艺术》都享有盛誉。他的作品包括当代的航天图景以及未来的展望等极为广泛的题材。麦考尔还设计了许多航天邮票，最著名的是《航天飞机》和《国际空间年》两组纪念邮票。他还为美国宇航博物馆绘制了足有六层楼高的巨型壁画《征服太空》。

美国天文学家兼太空画家哈特曼和著名太空画家米勒等人合作出版了太空三部曲图集《大旅行》（1981 年）、《摇篮之外》（1984 年）、《火之环》（1987 年）。这是集天文摄影和太空美术的精彩之作。前两册描绘太阳系之旅；《火之环》包括 100 多幅关于恒星世界、银河系和星系的太空画，据我所知，这是唯一的一本描绘宇宙深空的太空画集。

第一颗人造卫星（索可洛夫绘）

《人与宇宙》是苏联宇航员列昂诺夫和太空画家索可洛夫合作的著名画集，1984 年在莫斯科出版，不久又发行了第二版，有 100 幅彩色太空画，可以说是苏联太空美术的代表作。

太空美术在中国

大约在 60 年前，南京的天文研究所曾经编印过《天文周刊》，所用的图片大多选自法国毛吕的太空美术作品，许多是彩色的，后来被选入别的图书中更广为流传，如商务印书馆 1934 年出版的《星体图说》，1939 年中华书局出版的《天文学纲要》等书。

当我 1944 年第一次在美国的《生活》画报上看到邦艾斯泰的"土星组画"后，极为欣赏，因此开始了对太空美术资料和天文图片的收藏。

在 20 世纪 50 年代，一些太空美术图片已经在紫金山天文台陈列出来。1954 年，上海出版了我和卞德培编辑的

《天文学图集》，其中有不少太空美术作品，对天文教学和普及都起过作用。

1957 年，北京天文馆落成开幕，有 16 幅临摹自邦艾斯泰的太空美术作品在天文馆圆廊中展出达 1 年之久。

从 1979 年开始，我和美国、日本太空美术界的米勒、杜兰特、邦艾斯泰、岩崎贺都彰等人取得联系，建立了友谊和交往。

1984 年，一个国际合作的太空美术展览开始在北京天文馆展出，名为"宇宙画展"，曾展出 3 年，观众达 200 多万人次。另一套展品"宇宙在召唤"先后在南京、上海、济南、乌鲁木齐等十多个城市展出，受到欢迎和好评。1988 年，我们在大连专门举办了岩崎贺都彰的太空美术画展。那里是他的诞生地，因而对促进中日文化交流，促进中日人民之间的友谊有良好的效果。

在太空美术大师美国的邦艾斯泰 97 岁生日之际，他曾来信说："我很赞赏你为我的作品在中国的展出所做的努力。我祝愿展出成功。我认为使人们对天文学发生兴趣的最好方式就是让他们去看有趣的天文美术作品和天体照片，培养新一代的太空画家的最佳途径就是把太空美术和天文学介绍给青少年。"

近 10 年来，我国报刊已经在宣传和普及太空美术方面开展了大量工作，发表过上百幅彩色图片。中国曾经在几个世纪以前就已经发明了火药，现在我们的天文学和航天技术都有了很大的成就，我们也应该在太空美术、天文绘画方面有相应的发展。可喜的是，近些年来像张博智、田如森等人已在这方面有所创作，但我更寄希望于一位年轻的天文辅导员、太空画家喻京川，他已经取得了可喜的成绩，我希望他成为"中国的邦艾斯泰"。

（本文编译自英文稿 SPACE ART AND ASTRONOMY，曾于 1992 年 10 月在北京召开的亚太地区天文教育研讨会上宣读，并放映了 50 张太空美术的彩色幻灯片。英文稿发表于 1993 年 10 月在日本东京出版的 Teaching of Astronomy in Asian-pacific Region Bulletin No. 17，p30—36）

宇宙在召唤
——我国第一次太空美术图片展览

走进北京天文馆宽敞明亮的圆廊，一系列品目繁多、色彩绚丽的太空美术画面就映入眼帘。这是我国第一次举办太空美术图片展览，自 1984 年 3 月 15 日展出以来，吸引着大量观众。一年以来，参观人数已经超过 50 万。

在展出的近 90 幅图片中，有月亮、太阳、太阳系行星、彗星以及遥远的宇宙等画面，还有人造卫星、宇宙飞船、天空实验室、航天飞机等图景。

世界太空美术大师邦艾斯泰的作品是誉满全球的，他有关地球的三幅作品《地球诞生了》《地球的童年时代》《地球进行曲》气势磅礴，生动地描绘了地球的漫长历史，再现了地球前进的步伐，给人以鼓舞和力量。邦艾斯泰发表在美国《生活》杂志（1944 年 5 月 29 日）上的"土星组画"，为太空美术事业开辟了一个新纪元，离现在已 40 多年了。这次展出的 40 年前出版的《生活》杂志原件，仍然很有魅力。《土星美景》（从土卫六上看土星）是邦艾斯泰的代表作之一，他根据天文学的研究成果，应用透视原理，准确形象地描绘了在有大气的土卫六上看到弯月形的土星的奇特景象。邦艾斯泰早期是从事建筑设计的，后来又从事电影摄制工作，他利用前两项工作的经验技能再加上天文学的知识，在天文学家的指导协作下，以严谨的态度创

在土星一号卫星上（邦艾斯泰绘）

作出许多在科学和艺术上都有高质量的宇宙画。正如他自己说的那样："从我对电影技术发展的了解，我确信我可以把摄影镜头的角度在电影拍摄和绘画上得到巧妙的安排，这样就可以从土星的一个卫星到另一个卫星上去旅行，而你们所看到的正如实际所见的一样准确。"事实证明，他的太空美术作品，得到了许多科学家和美术家的赞扬。美国著名天文学家瑞查德松说："邦艾斯泰的太空画，超过以往我见到的同类作品，对于通俗天文学确实是有贡献的，有高度的艺术价值。"著名的登月火箭设计人冯·布劳恩说过："邦艾斯泰的作品是当代科学所能显示的最精确的天体画。"世界著名太空美术评论家、美国宇航博物馆前副馆长杜兰特对邦艾斯泰的作品评论说："他的行星风景画是何等精确，和后来飞行器拍摄的照片，几乎不辨真假。"

日本最著名的宇宙画家岩崎贺都彰被誉为"日本的邦艾斯泰"，就是因为他充分吸取了邦艾斯泰的成功经验和严谨的创作态度，并且和邦艾斯泰有类似的情况，他也是一个天文爱好者，并受到日本著名天文学家宫本正太郎教授的指导，从而获得了创作上的成功。从这次展出的他的50多幅作品中，可以看到他的许多佳作。那几幅大型的木星和土星的画，不但在艺术上是完美之作，而且反映了"旅行者"探测器飞临这两个行星时所得到的最新资料。《天空实验室》不但是一幅精确优美的作品，而且因为这张画印制在反射着银色光辉的大幅金属薄片上，具有高度的印制技巧和特殊效果。《土星奇观》印在大幅画布上，很有油画效果。《航天飞机》不但展示了太空时代的新篇章，而且在角度、光线、取景等方面均属上乘，充分显示了走向未来的气氛，是世界航天飞机美术作品中的杰作之一。

岩崎贺都彰热烈祝贺这次展览的举办，并且寄语中国观众："对于能有机会把我的太空美术介绍给中国人民而感到非常愉快和引以为荣。我衷心希望所有观众能欣赏我的作品并感到对宇宙有了更大兴趣。我同时祝愿这个展览对进一步增进中日两国人民之间的了解作出贡献。"

为了让更多地区的人们看到这个展览，中国科普研究所根据邦艾斯泰和岩崎贺都彰两人作品的彩色印制品，编制了一套"宇宙在召唤"太空美术图片，从 1985 年 4 月起，先后在北京、南京、上海、杭州、南昌、济南、太原、桂林等地巡回展出，很受欢迎。

（本文略有改动，原载《科普创作》1985 年第 3 期）

├ 麦考尔的太空世界

在古今中外的美术家中，若问谁的创作领域最宽广、意境最深远、情节最惊险、思路最浪漫，我会毫不迟疑地回答：他就是当代美国太空美术大师 R. 麦考尔。他是继美国太空美术大师邦艾斯泰之后的又一世界级太空美术家，而且更有所创新和发展。《知识就是力量》曾从 1998 年第 8

月期起在中间彩页先后推出他的巨型壁画《序幕与约会》等，那是一些壮丽的展望人类未来的图景。我在访美期间曾多次欣赏了他的太空美术原作，他作品中所展示的宏伟气魄、富丽色彩和既现实又梦幻的意境令人折服。

地球上空的太空站（麦考尔绘）

80 年的人生历程

麦考尔 1919 年出生于美国的俄亥俄州，从小就对航空感兴趣，最终却成为一位世界著名的太空画家。他曾回忆说："我曾热爱飞机和航空。飞机的轰隆声响和它的快速飞行都是孩子们所喜爱的。如今回想起来，我虽然没有成为宇航员，但是我却面对人类的探险，面对新的挑战而献身美术事业。"麦考尔是在芝加哥工艺美术学院学习美术教育，后来又在芝加哥美术研究所进修。第二次世界大战期间他在美国空军服务，到过世界许多地方进行航空美术的创作。退役后在芝加哥和纽约的艺术公司工作，并从事航空和太空美术的创作，成为这个领域的专家。同时他还涉猎更广泛的领域：商业广告、工业、出版、故事连环画，并为各大杂志（包括科学幻想期刊）画插图。从 20 世纪 50 年代起，他开始热衷太空美术。他从广告业务转到了著名影片《2001——漫游太空》的美术创作中。在这部影片里，他发挥了科幻和特技的才干。他的许多作品被美国宇航博物馆收藏和展出。

麦考尔和当代最著名的科普作家阿西莫夫合作了一本图文并茂的书《我们在太空世界》，1974 年出版后引起广泛注意，使他名扬天下。该书描写了未来的太空探测和太空城市（太空居民区），自然十分引人入胜、令人向往。后来麦考尔又和别的影片公司合作，包括迪斯尼公司。

他成为 NASA 艺术家

NASA 在发展宇航事业的大量活动中，也把美术设计、科普宣传放在重要地位。麦考尔就是被 NASA 邀请的第一批太空美术家。他设计的一套航天飞机的太空美术邮票由 8 张小票组成，成为世界最著名的太空邮票之一。他和苏联太空美术家合作的一套《飞往火星》邮票由美苏联合发行，风行全球。

1976 年美国建国 200 周年之际，新建完成的国家宇航博物馆正式开馆，其中有 6 层楼高的《飞往太空》巨幅壁画就是麦考尔的杰作。我在访美期间曾多次到这座博物馆欣赏这幅壁画，画面太大、馆内上上下下的陈列又太多，想拍一张它的完整照片简直不可能，许多人只能站在壁画下留影，背景是人类登上月球的一小部分。壁画是以太阳系行星轨道为基础的，那一条条行星轨道展向远方，美丽的土星斜挂在空中，展现人类登月的历史

火星科学站（麦考尔绘）

画面。1969年7月20日站在月球上的第一个人——美国宇航员阿姆斯特朗的名言仿佛在人们的耳际回荡："对于我来说这是一小步，对于人类来说这是一大步。"画面从下往上展示的是我们的地球，再往上就是在太阳四周的行星风姿，再往上就是那五光十色的恒星世界和那远方的星系……这幅巨型壁画不仅展现现在，更展望未来，让千百万观众对人类美好未来充满无限向往和希望。

麦考尔的一些作品也陈列在位于美国佛罗里达州著名的肯尼迪太空中心。1995年我去访问那里时，正展示一张麦考尔的新作《宇宙探测的先驱者》，画面以绚丽宇宙为背景，前面是许多科学家，如哥白尼、伽利略和齐奥尔科夫斯基等令人敬仰的人类开发太空的先锋。在太空中心的画廊里还陈列着麦考尔的一些其他作品，多是有关火箭和宇宙飞船方面的。

亚利桑那的骄傲

麦考尔一家长期居住在亚利桑那州，这里有举世闻名的大峡谷，有被几万年前天外陨石冲击成的1000多米直径的陨石坑，是著名的旅游胜地。这个州出版的一本《亚利桑那风光》杂志印制精美，一向以发表风景旅游的摄影和绘画作品为主，但是在1973年11月编辑出版了一期《麦考尔特辑》，以表示对他的敬意。特辑发表了麦考尔的太空美术作品、传略和照片，以及他在亚利桑那州国立天文台的彩色速写。这样的特辑在该刊几十年的出版史中还很少见，这是我在美国图书馆中查阅该刊后知道的。美国国立天文台设在亚利桑那州府附近的基特峰上，被誉为"世界天文首都"。天文台、宇航局、太空港都是探测宇宙和太空的前沿，这和麦考尔的事业是一致的。他曾花了两天时间到基特峰天文台观光写生，他的7幅天文台台景和仪器的彩色速写成为天文画库中的珍品。那一期还报道了麦考尔曾为阿波罗登月壮举创作过系列美术作品。这本杂志后来还多次发表过有关麦考尔生活、工作和美术作品的文章。麦考尔被看作亚利桑那州的骄傲和明星。

2035年太空之旅

1986年应NASA邀请，麦考尔创作了一套《2035年太空之旅》的太空美术组画，首先在NASA出版的《太空发展计划》一书中推出，立刻传遍全球，各种书刊特别是科普画刊纷纷刊登，可以说是世界太空美术宝库中的经典之作。这本书展示了人类 50 年后的太空开发远景，以及继登月之后人类要飞往火星和小行星的设想。这套组画描绘的是：太空港、空中渡船、开发月球、月球居民点、火星基地、登上小行星等。这些精彩的太空美术作品是以当代宇航技术和天文探测为基础的美术创作，这和那些任意作画的科幻美术有很大的区别，因此麦考尔的作品应该被看作现实主义和浪漫主义的完美结合。

（原载《知识就是力量》1999 年第 2 期）

他揭示了宇宙之美
——大卫·麦林的天体摄影艺术

摄影与天文

如果没有摄影技术的应用，现代天文学就不可能发展到今天这样辉煌壮丽的程度。

在望远镜发明以前，宇宙天体只有靠肉眼去看，用一些刻有度数的简单仪器去量度天体的坐标、角度、方位并观察其动态，无法细看星球表面，连太阳和月亮也不例外。

用望远镜进行天文观测，视野扩大了、精度提高了，但仍然所见有限。特别对于那些遥远的星团、星云、星系更感到力不能及。然而摄影技术发明以后，给天体拍的照片使人对宇宙的认识更加深入了。从天体照片上看到了许多过去看不见的现象。随着大望远镜的建造成功，它们拍摄了遥远天体的照片，使人大开眼界，可以说这是一次天文学的革命。

天文摄影的三次飞跃

20 世纪的前 50 年是天体摄影飞速发展的时代，欧美的一些大天文台对此做出了很大贡献，很多照片对天文研究、教学与普及都起了很好的作用，收到极好的效果。黑白天体照片可以说是天体摄影的第一次飞跃。

20 世纪 40—50 年代虽然也拍摄了一些日食、月食、行星的少数彩色天文照片，但对于远方天体仍然是无能为力，无法使天体照片全面彩色化。1959 年，经过多次试验，终于利用帕洛马山天文台的 5 米反射望远镜和 1.2 米的施密特望远镜，成功拍摄了远方天体的彩色照片。当时我们从一些世界著名的杂志上看到这些彩色照片时，真是惊喜不已。从此这些彩色照片大量出现在科普书刊和教科书中，使人们对宇宙天体的看法大大刷新，使天文学的图像大增光彩，使天文普及的面貌大为改观。从黑白照片进展到彩色照片，这可以说是天体摄影的第二次飞跃。

当 20 世纪 70 年代到来的时候，天体彩色摄影的技术又有了新的发展——当代天体摄影大师大卫·麦林把它又推向了新的高度。他所拍摄的天体照片色彩更美丽、细节更清晰，这是以往任何照片未能达到的水平。因而麦林谱写了天体摄影的第三次飞跃。

从显微镜到望远镜

大卫·麦林是英国人，他原本是一位化学家，在英国一家著名的国际化学公司中工作多年。那时他所看到的全是微观世界，他用的是光学显微镜和电子显微镜以及 X 光技术。1975 年，由于某种机遇，麦林把他的目光转向了望远镜，从微观世界进入宏观宇宙，去注视那些巨大的遥远的天体，这本身就具有传奇色彩。

大卫·麦林利用英澳望远镜拍摄天体

他经常去澳大利亚南威尔士的英澳天文台，利用那里的 3.9 米口径的英澳望远镜（Anglo – Australian Telescope，AAT）进行工作，有时也和那里的天文学家进行协作。他的化学知识有助于解决天体摄影方面的技术问题。当时他在用望远镜拍摄遥远星系的工作上有所创新。他用新的手法可以拍摄到那些遥远的、光度非常微弱的星系，这些暗淡的星系过去用地面望远镜从来没有拍摄到。

这是他在天文摄影方面的重大贡献。1987 年，麦林发现了一个很暗的质量极大的星系。该星系被命名为"麦林-1"星系。

麦林的天体摄影

天体摄影从黑白照片到彩色照片当然是一大进步。从 1959 年拍摄成功的天体彩色照片来看，都是用特制的敏感彩色底片拍摄的，当时所得到的色彩缤纷的天体照片，已经是很美的令人非常欣赏的照片了。后来天体彩色摄影逐渐普及，一直到 20 世纪 70 年代中期麦林的新技术出现以前，天体彩色摄影多半是采取一次性的直接法，而麦林通过多次的研究实验，他采用了三合成的技术，得到了前所未见的惊人效果。

三合成法就是对一个星系、星云或一片星区摄影时，先后分别用蓝色滤光片、绿色滤光片、红色滤光片拍摄出同一目标的三种单色底片，然后把这三张底片合成一张照片，就得到了更加漂亮、丰满、清晰的天体彩色照片。这些照片立刻通过图书和美国的《生活》《国家地理》等著名期刊流传全世界，得到高度评价。《天空和望远镜》杂志社还把它们印制成大幅照片公开发售，使这些天体彩色照片出现在公众场所，甚至成为家居艺术陈设，与世界名画平分秋色。澳大利亚还发行了这些照片的一组邮票。

麦林的天体彩色摄影是对科学世界和艺术世界的双重贡献。

麦林天体摄影展览

麦林在天体摄影方面的成功使他远近闻名，经常被邀请到各处做科普报告。

麦林出版了好几本讲述他的天体摄影技术的图书，可供天文爱好者阅览。其中最重要的有两本：《星星的光彩》（与莫丁合著）和《宇宙瞭望》。在这两本书中，麦林除了讲述自己的彩色摄影艺术外，还附有大量的天体彩色照片，都是他的代表作。

为了普及麦林的天体摄影成就，英国文化委员会等单位特别编制了一个巡回展览，名为"夜空——太空深处的艺术"，共展出天体彩色照片数十幅。

用一些普通天体彩色照片和麦林照片比较，就不难看出麦林照片的确有与众不同之处。比如，人马星座三叶星云（M20），麦林照片中一大片蓝色气体云是一般照片上缺少的；猎户星座大一星云（M42），普通照片虽然很美，但只是一片模糊的光亮，而麦林的照片显现出星云内部的细节，这对研究气体星云是大有帮助的；围绕蛇夫星座 p 星和心宿二星附近的星空，在普通照片中除亮星和 M4 星团人马星座三

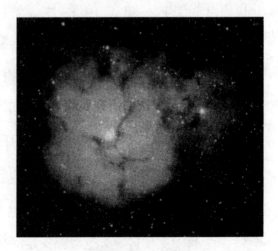

人马星座三叶星云

叶星云之外是一片空白，但在麦林照片中云气弥漫，色彩缤纷，气象万千。至于像马头星云等，更是天地少有的宇宙奇观。

通过这个特殊的展览，人们不但能得到许多天文知识、能欣赏壮丽的宇宙之美，而且能得到高雅的艺术享受。

（原载《天文馆研究》1998 年第 1 期）

自学成才的日本太空画家
——岩崎贺都彰及其作品

壮丽的宇宙，浩瀚的太空，从来就是科学家、文学家和艺术家们去探索、去歌颂、去描绘的无尽宝藏。太空美术——描绘人类探索宇宙和星球世界的艺术，是跟随人类的科学文化而产生的，但是它的发展和壮大还是近几十年来的事。

1980 年年初，当第一次看到岩崎贺都彰先生的著名画集《宇宙和自然》时，我对他精美的绘画发出由衷的赞美和惊叹，仿佛发现了一颗新星似的。当时我正在为《科普创作》

岩崎贺都彰

（1980 年第 4 期）写一篇介绍世界太空美术作品的长文
《世界太空美术巡礼》，我立刻增加了"日本的太空美术"
一节并选登了岩崎的一张彩画《在水星上》。后来看到他更
多的作品和有关他作品的国际评论，对他自学成才的创作
道路有了更进一步的了解。

自学成才的画家

岩崎的成功不是偶然的，而是他几十年如一日勤学苦
练的必然结果。

岩崎从小喜爱艺术，13 岁就获得了日本全国水彩画首
奖。不久，他偶然看到刚出版的《征服太空》，这是由美国
太空美术大师邦艾斯泰绘图的书，图文并茂，彩色插图尤
其精美，描绘了人类飞往月球和行星世界的壮丽景象。面
对这些极富于想象力的图画，以及类似摄影效果的精确形
象，岩崎简直入迷了。他立志向这位艺术大师学习，要使
自己总有一天也能手握着一支太空神笔去驰骋宇宙、描绘
星球，成为日本的邦艾斯泰。从此，少年的岩崎就朝着太
空美术的殿堂迈步了。后来的生活实践和努力钻研，使他
越来越具备了实现理想的条件。就像邦艾斯泰那样，他首
先要热爱自然，热爱星空，他要成为一个天文爱好者。只
有不断地观测星球，认识宇宙，才能使自己的艺术创作有
坚实可靠的科学基础以及永远旺盛的精力和热情。想当年，
邦艾斯泰的许多岁月是在美国大天文台的巨型望远镜旁和
天文学家一起度过的。而岩崎呢？他也有他的道路。出于

对天文学的浓厚兴趣，他自己动手磨制天文望远镜镜面，特别是得到了日本花山天文台前台长、著名天文学家宫本正太郎的支持和指导后，他的步伐迈得更快、更大了。直到现在，他已磨过61枚镜面。他手制的42厘米反射望远镜，在日本天文爱好者自制望远镜中，也是很著名的。

1949年，他开始了天文观测和宇宙画的制作。

1953年，在宫本正太郎教授的协助下，他进入了旭光学公司天文部，并开始了商业和工业设计的学习，后来又进入大阪的一个事务所工作。由于工作和学习过分紧张劳累，结果患精神性溃疡症而离职，但他仍坚持自学。1958年，他在滋贺县成立了自己的美术设计事务所。1963年，他在装潢设计展览会上得奖，这是他多年努力的结果。在后来的十多年中，他仍然担任美术设计工作。

作品不断涌现

从1965年起，他的太空画集开始陆续问世。第一本叫《这就是宇宙》。1969年，人类第一次登上月球，他的月球正面和背面图在《朝日周刊》特刊上发表，并获得东京插图者俱乐部年鉴的特别奖。1970年，他的另一部宇宙画册《星座世界》出版。1971年，他的生物画册《鱼的生活》、天文画册《让我们到一个星球上去》相继出版。同时，他为许多图解性的科普图书及百科全书提供精美插图而获得了多种奖励。1975年，他在日本箕面市举办了个人画展。1978年，在日本著名的明石天文馆举办他的太空美术原作展览；又在大阪美术馆等处举办原作展览而且得奖。1979年，他的名画集《宇宙和自然》出版，全书有 90 多幅精美的彩色图画，充分显示了他的创作才能和绘画水平（科学水平和艺术水平），而这本画集的出版也使他的太空美术作品闻名于世，并且得到很高的评价。1980 年 8 月，更大型的太空美术画集《THE SPACE·ザ·宇宙》出版，英日文对照，从而使全世界对他更为了解，其中英译部分是由宫本正太郎教授担任的。

1981 年，国际合作的巨型太空美术画集《宇宙美景》在美国出版；同年，日文译本也在日本出版（旺文社），共销售 5 万多册。画集共收岩崎贺都彰的太空美术作品 46 幅，由著名科普作家阿西莫夫撰写说明文字，著名天文学家卡尔·萨根作序。日文版由小森茂翻译，木村繁监修，并给以高度评价。其版本之豪华，印刷之精美，内容之丰富，在世界太空美术画集中，可能是空前的。在这本画集的扉页上写着："敬献给赐予我灵感的邦艾斯泰。"这句话不是随意的恭维，而是出自本书主持者和作者的内心崇敬的情感。

原来，著名天文学家、本书的序作者和出版主持者卡尔·萨根也是在少年时代看了邦艾斯泰的太空画而对天文学入迷的。他在《宇宙美景》的序言中叙述了从邦艾斯泰到岩崎贺都彰和阿西莫夫的一段故事。

卡尔·萨根在少年时读到 1949 年版的《征服太空》，这本书的精彩部分正是邦艾斯泰的太空画，那些画描绘了太阳系中许多行星上的风光，由于画家逼真的创作，不能不使卡尔·萨根加以称赞，他认为行星世界的面貌就是这样。可是近二三十年来天文学的进步，行星探测的飞跃进展，使过去的许多科学论断和美术创作都要大大修改。作为荣誉与纪念，在华盛顿的宇航博物馆中高挂着邦艾斯泰的太空美术作品，但是用新观念武装起来的太空画家们，正踏着邦艾斯泰的脚印继续前进。

1980年9月，卡尔·萨根为了自己编制主演的科普电视系列片《宇宙》在海外的放映，曾经访问日本，得以和天才的太空画家岩崎贺都彰会面，并且观赏了他的许多太空画，因而深受感动。为了使这些精美的太空美术作品能和世界上更广泛的读者见面，他们商定在美国出版《宇宙美景》，并且征得著名作家阿西莫夫的同意为画集撰写说明文字。

1982年8月，岩崎贺都彰作画、宫本正太郎解说的太空画册《太阳系45亿年的旅行·通过天体画看我们的宇宙》，由日本讲谈社出版。这本267页32开本的小书，有着极为丰富的内容。从作者已创作的1200多幅太空画中，选出了大约200幅作为插图，其中150多幅是彩色版，书中还有作品编号和原画大小的说明文字。可以说这本书就是岩崎贺都彰太空美术创作的缩影。书中包括了太阳、行星、恒星、银河、星系各方面的太空画，反映了宇宙中各类天体的面貌和形态，对于科学普及和科学教育都很有参考价值。

1983年，日本举办了国际性的"邦艾斯泰和岩崎贺都彰联合太空画展"，这是一个很有意义的活动。

优美而真实的太空画

翻开岩崎贺都彰的每一本太空画册，都能立刻被他那优美而写实的太空画所吸引。

卡尔·萨根认为岩崎的作品是真正杰出的，同时富有日本的特色。他说他对这些作品翻阅过很多次，即使看上一眼，也能再度引起许多想象。学习这些太空画，使我们了解太空的奇迹，使我们对宇宙和自己也都更加了解。

阿西莫夫说："美丽的夜空，曾给了古代天文学家许多灵感，但那仅仅是肉眼所能看到的，天文仪器使那些肉眼看不到的宇宙风光呈现在我们面前。带环的行星，被侵蚀了的行星表面，云雾笼罩的行星……何况行星探测器更为我们揭开了新奇的景象。当然还可以走向更远的星空深处。天才画家岩崎贺都彰根据最新的天文发现再加以想象和细致的设计，创作了许多太空美术作品，因而我很乐于为它们提供文字说明。"

岩崎的作品是用水彩作画，用自制的柔软画笔，使作品显得精密细致，达到了摄影的准确和立体效果。他的太空美术作品绝非随意幻想，而是以大量的天文观测和调查研究为基础。他提倡的是

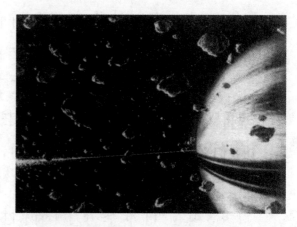

在土星环里旅行（岩崎贺都彰绘）

科学的美术创作，反对的是缺少科学根据的幻想式的绘画。因此，当他发现最新的科学成就超过他的美术作品时，他就要修改自己的原作，使他的作品迎头赶上时代的步伐。这种严肃认真的创作态度是难能可贵的。有的美术评论家认为："岩崎的太空美术作品不但具有科学性的精确，更表现出东方人对宇宙的独特哲学观点。变幻神秘的宇宙天体，在他的笔下，显现得一片祥和恬静，真如人间仙境。"

岩崎是自然和宇宙的歌颂者和赞美者。他给大自然赋予了新的生命。他的画笔启发和驱使人们去热爱自然，探索宇宙。他的作品题材广泛，就拿《宇宙和自然》画集来说，他不但画了日月星球（当然这是他主要的创作对象），而且还画了花鸟虫鱼。他画了月球、太阳、行星、恒星世界、银河、星云和星系的风光以及天体的演化发展，宇宙航行；还画了地球上生命的起源发展，海洋、飞鸟、昆虫、森林等等。没有对自然界和星空世界的长期观察、描绘、探索，想要完成这些美好的作品是不可能的。

壮丽的宇宙图景

让我们来看看岩崎的几幅太空画吧。

《土星奇观》是从土星的第五卫星"土卫五"的北极地区瞭望土星时看到的奇景。这是作品 1004R 号，原画大小为 434 毫米×222 毫米。观测者刚好比土星环的平面高，土星环看上去成为一条薄薄的细线。土星环直径大约为 28 万千米，厚度仅约 10 千米。比土卫五更近的几颗卫星正出

土星奇观（岩崎贺都彰绘）

现在土星环的附近。土星面上的长而宽的黑色区域是土星
环投下的影子。土星表面的细节，各平行的条纹和一些纽
带，都是根据 1980—1981 年"旅行者"1 号和 2 号行星探
测器飞临土星附近所拍摄到的照片而修改重绘的。他对自
己的作品不断刷新的态度是很值得学习的。

《水星和太阳》是作品第 1001 号，原作大小为 220 毫米
×308 毫米。1974—1975 年，"水手"10 号行星探测器飞经水
星，拍摄了许多清晰的照片，使我们看清水星的表面充满了
环形山。水星是最靠近太阳的行星，从水星上看太阳比地球
上看太阳大得多。太阳表面的黑子和它四周的"轻纱"——
外围的大气，叫日冕，显出了柔美的姿态。日冕中的线条反
映出太阳磁场中磁力线的趋向。强烈的阳光把黑色天空背景
中的星星给淹没了。这就是没有大气的水星世界。

《航天飞机》是作品第 810E 号，原作大小为 342 毫米

×258 毫米。从 1981 年 4 月开始试飞的航天飞机是往返于太空与地面的交通工具。图中航天飞机正在轨道上飞行，远处明亮的部分是地球的一角。

中日友谊的花朵

1935 年，岩崎贺都彰出生于大连。他的幼年在中国度过，他对中国人民是有着深厚感情的。1980 年，他的著名画集《THE SPACE·ザ·宇宙》出版后，他托亲友带了一本送给中国，并在书中写道：

> 送给亲爱的中国朋友
>
> 岩崎贺都彰（敏二）
> 一九三五·二·五旅大生

这本画集由中国科学院北京天文台接收。他的另一画集《宇宙和自然》也被北京天文馆收藏。

1982 年，岩崎也给本文作者寄来了他的太空画集和彩色幻灯片，并在信中写道：

> 我生在大连，10 岁时才随父母回到日本，我还略会说一些中国话，这也就是为什么我对中国人民有着特殊情谊的原因……

我想，岩崎贺都彰的太空美术作品以及他对中国人民的友好情谊，将对我国科普美术事业的发展起到良好的作用。

（李元补记：1988 年，在多方促动下，岩崎贺都彰在他的出生地大连成功地举办了个人太空画展。1994 年 12 月，因妻子病逝，他改名为岩崎一彰。1998 年 7 月，他在横滨创建了一座举世无双的"岩崎一彰太空美术馆"。同年，他荣获国际编号第 7122 号小行星的命名。本文原载《科普创作》1982 年第 6 期）

┣ 喻京川和他的太空美术

1968 年生于北京的喻京川，刚上初中就读到《少年科学画报》上的一篇图文并茂的文章《星球世界漫游》，他被那些美丽神秘的彩色宇宙图画所吸引，从此爱上了宇宙的星球，爱上了这些绚丽多彩的宇宙图画。这期间他又在一些期刊上看见各式各样的太空美术作品及其赏析，更进一步满足了自己的爱好。1984 年，北京天文馆的"宇宙画展"更使他惊呆了，几十幅世界著名太空美术作品在那里长期展出，他为这些太空美术画陶醉，不知去看了多少次，自此下定决心要献身于太空美术事业。他开始以水粉、水彩、油漆为原料，采用喷笔技法创作太空美术作品。

1991 年，他鼓起勇气给《星球世界漫游》的作者和"宇宙画展"的编者写信，表达自己的激动和愿望，很快就收到回信并见了面。我把许多国外出版的太空美术画集等资料借给他参考，并经常同他讨论有关问题。

从此，他的太空美术创作有了较快的发展，在国内的报刊上开始发表作品。1997年，喻京川在国际科幻会议上获奖并接受了美国《新闻周刊》的采访，他的照片和作品刊登在该刊上。喻京川就这样成为中国首批太空画家中作品最多、最好的一位。当然，这对他来说还只是创作生涯起初的几页，但是对中国的太空美术事业来说，他已经是一位开拓者了，他弥补了中国这个航天大国在太空美术创作上的空白。

（原载 2000 年 12 月 21 日《中国航天报》）

我们在土卫十上（喻京川绘）